湛庐 CHEERS

与最聪明的人共同进化

HERE COMES EVERYBODY

U0162386

科学大师书系

六个数

Just
Six
Numbers

[英]

马丁·里斯 著
Martin Rees

高晓鹰 译

天津出版传媒集团

天津科学技术出版社

上架指导：科普 / 宇宙学

First published in 1999 in Great Britain
By Weidenfeld & Nicolson
Just Six Numbers : The Deep Forces That Shape the Universe
Copyright © 2000 by Martin Rees
Published by Basic Books,
A Member of the Perseus Books Group
All rights reserved.

天津市版权登记号：图字 02–2020–217 号

图书在版编目（CIP）数据

六个数 / （英）马丁·里斯著；高晓鹰译 . -- 天津：
天津科学技术出版社，2020.9
书名原文：Just Six Numbers
ISBN 978-7-5576-8592-8

Ⅰ . ①六… Ⅱ . ①马… ②高… Ⅲ . ①宇宙学－普及
读物 Ⅳ . ① P159-49

中国版本图书馆 CIP 数据核字（2020）第 155903 号

六个数
LIU GE SHU
责任编辑：王　冬
责任印制：兰　毅

出　　版：天津出版传媒集团
　　　　　天津科学技术出版社
地　　址：天津市西康路 35 号
邮　　编：300051
电　　话：（022）23332377（编辑部）
网　　址：www.tjkjcbs.com.cn
发　　行：新华书店经销
印　　刷：唐山富达印务有限公司

开本 880×1230　1/32　印张 8.375　字数 146 000
2020年9月第1版第1次印刷
定价：69.90元

　　天文学是最古老的数字科学，在古代对历法和航海至关重要。在当代，天文学领域正不断涌现出新的发现。对时间本质的探索正使人们对宇宙的兴趣逐渐上升。迄今为止，天文学仍然是数字的科学，而这本书恰恰就是关于六个数的故事，这些故事对理解宇宙和人类在宇宙中的地位至关重要。

　　在古代地图模糊的边角上，制图师写着"可能有龙"的字样。古代航海领域的先驱环游地球，勾画出了主要的大陆和海洋，后继的探险家也补充了很多细节，但自此之后，人们再无可能发现新大陆，也不可能对地球的大小和形状进行彻底的重新评估。

21 世纪初，我们在绘制宇宙地图方面也到达了同样的阶段：那些大的宇宙轮廓受到了关注。这是成千上万名天文学家、物理学家和工程师运用许多不同的技术取得的成就。借助现代望远镜，人们得以深入地探测宇宙。来自遥远天体的光需要经过漫长的时间后才能到达地球，我们由此可以瞥见遥远的过去；同时，我们还发现了生成于宇宙历史最初几秒钟的"化石"。宇宙探测器揭示了中子星、黑洞以及其他极端现象的存在，大大拓展了我们的物理知识。上述这些进步极大地扩展了人类的宇宙视野。与此同时，人们对原子内部的微观世界也进行了探索，这些探索在最微小的尺度上为我们提供了关于空间本质的新见解。

从时间和空间的维度上绘制的这幅全新宇宙蓝图出乎大部分人所料。它为我们提供了一个新的视角，提示我们去探索这样一些问题：单一的"创世纪事件"如何创造了数十亿个星系、黑洞、恒星和行星？原子在地球和其他可能的星球上又是如何被组装，构成那些足以吸引我们去探索其根源的复杂生物的？在恒星和原子之间，以及宇宙和微观世界之间存在着深刻的联系。《六个数》这本书描述了控制万物和整个宇宙的力量，而且书中没有晦涩难懂的专业术语。事实上，人类的出现和生存依赖于宇宙中的一些非常特殊的"调谐"，而宇宙很可能比我们看到的大得多。

目录

扫码获取湛庐阅读 App，
搜索"六个数"，
获取趣味测试及彩蛋！

JUST SIX NUMBERS

01
宇宙与微观世界

在"大爆炸"发生之时，宇宙的特性就印在了它自身的空间里，而这六个数，就是我们描述宇宙特性的一条微妙的线索。

　　人类与所有已知和未知的现实之间有着密不可分的联系……小到海上磷光闪闪的浮游生物，大到旋转的行星、不断膨胀的宇宙，都被时间这根弹力线紧紧地捆绑在一起。立足海洋，望向太空，再回首海洋，这便是了解宇宙的明智之举。

——约翰·斯坦贝克（John Steinbeck）

六个数

　　数学定律是宇宙结构的基础，不仅对原子而言，对人类、恒星以及星系而言也是如此。原子的性质，即它们的大小、质量、种类以及将它们连接在一起的力，决定了现实世界的化学组成。原子的存在又取决于其内部的粒子和作用力。天文学家研究的对象——行星、恒星和星系，都受到引力的控制。这一切都发生在一个不断膨胀的宇宙中，在

"大爆炸"发生之时，宇宙的特性就已经印在了它自身的空间里。

科学的发展过程就是辨别自然界的模式和规律的过程，在这个过程中，越来越多的现象能够被归入普遍性和规律中。理论物理学家旨在将物理定律的本质纳入一组统一的方程或几个数字中。虽然这方面的工作还有很长的路要走，但现在已然成果显著。本书介绍了关于宇宙的六个数，这些数字特别重要，作用很大。其中两个与基本的自然力有关；两个确定了宇宙的大小和整体结构，并决定着它是否会永远存在下去；剩下的两个则确定了空间本身的属性。

● 第一个数字是 N，宇宙之所以如此浩瀚，就是因为自然界中存在着这个至关重要的巨大数字，它的值等于 1 000 000 000 000 000 000 000 000 000 000 000 000（10^{36}）。这个数字是用将原子结合在一起的静电力除以原子之间的引力得到的商。如果 N 后面少几个零，那么只能产生一个寿命短暂的微型宇宙，其中的生物不会长得比昆虫大，也没有足够的时间来进化。

● 第二个数字是 ε，其值为 0.007。ε 决定了原子核结

合的牢固程度以及地球上所有原子的构成方式。它的
值控制着来自太阳的能量，而且还更精确地控制着恒
星将氢转化为元素周期表中的所有元素的方式。正是
发生在恒星内部的种种反应使得碳和氧比比皆是，而
金和铀则较为罕见。如果 ε 为 0.006 或 0.008，就
不会有生命存在。

● 第三个数字是宇宙常数 Ω，它表示宇宙中的物质，
包括星系、弥散气体和暗物质的数量。Ω 可以告诉
我们宇宙中引力和膨胀能量之间的关系。如果两者之
间的比值远远高于特定的"临界值"，那么宇宙早就
分崩离析了；如果比值太低，就不会形成星系或者恒
星。宇宙的起始膨胀速度似乎经过了精密的调谐。

● 第四个数字是 λ，它测量的是 1998 年最大的科学发
现：一种从未预料到的新作用力——宇宙的"反引
力"。"反引力"控制着宇宙的膨胀，在小于 10 亿光
年的尺度上，我们很难分辨出它的影响。当宇宙变得
越来越暗、越来越空时，λ 注定将取代引力和其他
力，占据统治地位。幸运的是，λ 非常小（理论物
理学家对此感到非常惊讶）。否则，它的作用力将会

阻止星系和恒星的形成，宇宙的演化甚至在未开始之前就会被遏制。

● 第五个数字是常数 Q。所有宇宙结构（恒星、星系和星系团）的种子都铸成于"大爆炸"之中。宇宙的结构取决于常数 Q，它表示两种基本能量的比值，大小约为 1/100 000。如果 Q 比这个值小很多，宇宙将变得死寂而无序；如果 Q 比这个值大很多，宇宙将变得暴力肆虐，由一些巨大的黑洞主宰，恒星或者太阳系根本无法存在。

● 第六个关键数字的存在于多个世纪前已经被证明了，现在我们正用一种新的视角研究它。它就是当前可见宇宙的空间维数 D，其值为 3。如果 D 为 2 或者 4，生命将不复存在。时间虽然是第四维，但与其他维度截然不同，因为它有一个与生俱来的方向：只能"迈向"未来。在黑洞附近，空间极度扭曲，以至于光线沿着圆圈传播，时间也停滞不前。此外，在接近"大爆炸"的时间和微观尺度上，空间将在 10 维向度上显现出其终极的基本结构：被称为"超弦"[1] 的物质的振动与和谐。

---

① 据推测存在于原子中的最小子结构。

　　这些数字之间可能存在某些联系。目前，我们还无法从其中一个数字的值中推导出另一个数字的值。我们也不知道是否存在一个包罗万象的理论可以推导出一个公式，将这六个数联系起来，或者能使它们被唯一确定。我之所以强调这六个数，是因为每一个数字都在宇宙中起着至关重要又各不相同的作用，它们共同决定了宇宙的演化方向及其内部潜在的一切。此外，其中的三个数字，也就是与大尺度宇宙有关的三个数字，现在还可以以任意精度对其进行测量。

　　这六个数组成了构造宇宙的"秘方"，而且它们的值对所构造出的宇宙具有特别精确的影响：如果其中任何一个数字的值"失调"，就不会形成恒星，也就不会有生命出现。这种调谐究竟是一种残酷的现实，还是只是一种巧合，或者出自一位仁慈的造物主的旨意？我认为都不是。在这些数字有着不同赋值和组合的地方，很可能存在无限多个其他宇宙，其中大多数要么夭折，要么是不毛之地。只有在这六个数组合"正确"的宇宙里，人类才得以出现（因此我们能发现自己的存在）。这一认识让我们可以从一个全新的视角出发，去认识当前的宇宙、人类在其中的位置以及相关物理定律的性质。

一个起点如此简单、仅用几个数字就可以决定的宇宙，经过不断变化，就可以演化成当前结构如此复杂的宇宙（只要这些数字经过了适当地调谐），实在令人惊讶。接下来，我们将跨越所有尺度来审视这些结构：从原子到星系。

通过变焦镜头观察宇宙

我们从在几米外为一对男女拍摄的普通照片开始，然后依次拉大距离拍摄相同的场景，每一次拍摄的距离比前一次扩大 10 倍。第二个镜头显示他们躺在一块草地上；第三个镜头显示他们在一个公园里；第四个镜头显示他们在一些高层建筑之间；接下来是整个城市，再往远处就是一段地平线，从这么高的地方往下看，地平线明显是弯曲的。再过两个镜头，我们就看到了 20 世纪 60 年代以来人们熟知的震撼画面：整个地球——大陆、海洋和云层，还有生物圈，看上去就像一个精致的玻璃球，与月球荒芜的地貌形成鲜明对比。

再跳过三个镜头我们就仿佛置身于太阳系，从这张照片可以看出，相比于水星和金星，地球的公转轨道距离更远；下一个镜头将会显示出整个太阳系；往下四个镜头（相当于在几光年之外取景），太阳看起来就是众恒星中的一员，并无特殊之处；再往下三个镜头，我们就能在银河系的扁平圆盘上看到数十亿颗类似的恒星，它们分布在几万光年的范围内；再过三个镜头，银河系看起来就像一个旋涡星系，与仙女星系一样。从更远的地方看，这两个星系又变成了室女星系团外围的数百个星系中的两个。再往下一个镜头，室女星系团本身也变得普通，不过是一个微不足道的星系团。即使我们设想的长焦镜头有哈勃太空望远镜那样的高分辨率，在最后一个镜头中，整个星系也会变成几十亿光年远的一块难以辨认的光斑。

变焦摄影到此结束，我们的视野不再向前延伸了。以几米远的人为拍摄起点，我们需要变焦 25 次，每一次变焦的距离都扩大 10 倍，才能达到当前可见宇宙的视界极限。

在同样的情境下，现在我们把镜头朝内推而不是向外拉。在距离拍摄对象不到一米远的地方，我们会看到一只手臂；在用肉眼所能看到的最近处——大约是几厘米远的地方，我们看到了一小块皮肤。下一个镜头将带我们进入精巧的人体组织内部，然后进入单个细胞（我们体内的细胞数量比银河系中恒星的数量多 100 倍）。接着，在高倍显微镜的极限分辨率下，我们将会看到单个分子的结构：复杂的蛋白质长链和 DNA 的双螺旋结构。

接下来的拍摄将聚焦在单个原子上。此时，量子的不确定性开始发挥作用：图像的清晰度将受到限制。现实中没有一台显微镜可以探测到原子内部，在那里，有一群电子围绕着带正电荷的原子核运动。不过，我们可以通过研究加速到接近光速的粒子撞击原子时发生的情况，来探测大小是原子核 1/100 的子结构。这是人类可以直接测量到的最精细的结构。然而，我们怀疑自然界中最基本的结构可能是"超弦"或者"量子泡沫"形式的，它们的体积非常小，小到我们需要再向内变焦 17 次才能显示出来。

望远镜可以观测到的最远距离比超弦大 60 个变焦镜头：在我们描绘宇宙的"变焦镜头"中，应该有 60 幅画面（其中 43 幅位于我们目前能够观测的范围）。在这些画面中，我们一般能够看到的最多只有 9 幅画面——从眼睛可以看到的最小事物（约 1 毫米）到一次洲际飞行跨越的距离。这揭示了一些重要且被我们认为理所当然的事实：宇宙包含了各种各样的尺度，具有各种各样的结构，相比于我们日常感知到的，它既可谓无穷大，也可谓无穷小。

大数字和多尺度

每个人都是由 10^{28} ～ 10^{29} 个原子组成的。从数量上来说，这个"人体尺度"处于原子质量和恒星质量之间。大约与太阳的质量相当，而太阳只不过是银河系中一颗普通的恒星，银河系中约有 1 000 亿颗恒星。当前可见宇宙中存在的星系数量至少与银河系中的恒星一样多。自然界中有超过 10^{78} 个原子位于望远镜可观测的范围内。

生物由一层又一层的复杂结构组成。原子结合形成复杂的分子，分子又通过每个细胞中的复杂途径发生各种反应，间接形成相互联系的整体结构，最终形成树木、昆虫以及人类。人类介于宇宙和微观世界之间，大小介于直径十亿米的太阳和直径十亿分之一米的分子之间。事实上，自然界在这个中间尺度上达到最复杂的程度并非偶然。无论位于哪一颗适宜居住的星球上，任何一个超出这个尺度的生物都很容易被破坏或者被引力压碎。

我们总是认为，人类是由微观世界塑造的，因为我们很容易受到长度只有百万分之一米的病毒的攻击，而且微小的 DNA 双螺旋编码了我们全部的遗传基因。同样，我们也明白自己依赖于太阳及其能量。那么在更大的尺度上，情况又是怎样的呢？即使离我们最近的恒星也要比太阳远几百万倍，而可见宇宙的范围比这个距离还要远 10 亿倍。为什么太阳系之外还有这么大的空间呢？在本书中，我将会阐述我们与恒星之间的几种联系，从而证明，如果没有宇宙这个大背景，我们就无法理解自己的起源。

亚原子世界的"内部空间"和宇宙的"外层空间"之间的联系非常密切，我们可以通过图 1-1 中所绘的奥拉波鲁斯环（ouraborus）来了解。据《大英百科全书》记载，奥拉波鲁斯是古埃及和希腊的一种具有象征意义的蛇，它将尾巴咬在嘴中，象征不断地吞噬和重生……它表示的是万物的统一性，包括物质和精神，它们会在一个永恒的破坏和再创造的循环中不断地改变形式，永远不会消失。

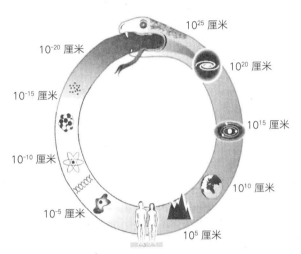

10^{25} 厘米

10^{-20} 厘米

10^{20} 厘米

10^{-15} 厘米

10^{15} 厘米

10^{-10} 厘米

10^{10} 厘米

10^{-5} 厘米

10^{5} 厘米

图 1-1　奥拉波鲁斯环

此图主要用于说明粒子、原子核和原子构成的微观世界（左边）
与宏观世界的宇宙（右边）之间的相互联系

　　图 1-1 左边代表的是原子和亚原子粒子，也就是所谓
的"量子世界"；右边代表的是行星、恒星和星系。本书将
着重介绍左边的微观世界和右边的宏观世界之间的一些重
要联系。原子及其结合成分子、矿物质和生命细胞的方式
决定了我们的现实世界。恒星的发光形式取决于其原子中
的原子核，不同星系可以被一大群核内粒子的引力聚集到
一起。奥拉波鲁斯环顶部那"饕餮"的蛇头象征着令人匪

夷所思的终极结合——宇宙和量子之间的终极结合。

奥拉波鲁斯环中标出的尺度横跨了 10^{60}，这个如此巨大的空间是一个充满"生机"的宇宙存在的先决条件。首先，一个空间不够大的宇宙永远不可能演化出复杂的结构层次：它将是缺乏生机的，也不适合居住。其次，一个"有生机"的宇宙还必须具备很长的时间跨度。虽然原子中的有些反应过程只需要十亿分之一秒就能完成，原子核内的反应速度甚至更快，但使胚胎转化为血肉之躯是一个非常复杂的过程，其中包含一系列细胞分裂和相伴而生的分化，而每一个过程都涉及成千上万次分子的复杂重组和复制。而且，只要我们还在进食和呼吸，这些过程就不会停止。事实上，我们的生命只是人类进化过程中的一个世代，而这个世代也只是整个生命总体进化过程中的一个阶段。

宇宙演化过程中呈现出的巨大的时间跨度为我们思考"为什么宇宙如此之大"提供了一个新的视角。在地球上，从生命诞生到进化出人类用了 45 亿年；在太阳及其行星形成之前，早期的恒星已经将原始的氢转化成了碳、氧和元素周期表上的其他原子，这个过程花费了大约 100 亿年；当前可见宇宙的大小大约是自"大爆炸"以来光走过的距离，直径在 100 亿光年左右。

这是一个惊人的结论。初看之下，宇宙的巨大尺度使人类在宇宙体系中显得微不足道，但实际上，这个因素正是人类出现的必要条件。不过，这并不意味着不可能存在一个更小的宇宙，只是说人类不可能存在于这个更小的宇宙中。宇宙中广阔的空间并非是多余的，而是在太阳系形成和人类出现之前，一系列事件漫长、持续发展的结果。

这看上去似乎又倒退回了古代的"人类中心论"，这一观念早被哥白尼的"日心说"推翻了。不过，我们不应该过分强调哥白尼式的"谦虚"。像人类这样的生物需要特殊的条件才能进化出来，因此在某种意义上，我们的观点肯定是不合常规的。宇宙的浩瀚不应该使我们感到惊讶，我们仍然需要对其特征进行更深层次的探究。

我们有望了解宇宙吗

物理学家马克斯·普朗克（Max Planck）曾断言，直到一个理论的支持者全部死亡，该理论才会被抛弃——科学是在"一个葬礼接着一个葬礼"中进步的。这种观点太愤世嫉俗了。一些长期存在争议的宇宙学问题早已尘埃落定，一些早期的争论已经平息。不过也有许多人经常改变想法，我也是这样。本书中的一些内容曾一度令我感到十分震惊。尽管许多人不会完全赞同我的解释，但我接下来抛出的宇宙学理论已经得到了广泛的认同。

宇宙学理论并不像关于地球历史的理论那样脆弱和易被推翻。地质学家推断，地球上的大陆正在漂移，其速度大约和指甲生长的速度相同，在 2 亿年前，欧洲和北美洲是连在一起的。尽管我们很难理解如此漫长的时间跨度，但我赞同这个观点。至少在大体上，我们认同地质学家有关生物圈如何演变以及人类如何出现的观点。宇宙环境的一些关键特征现在也得到了可靠数据的支持。关于 100 亿～ 150 亿年前的那次"大爆炸"，我们得到的证据与地质学家找到的关于地球历史的证据一样可靠。这是一个惊人的转变：我们的祖辈可以毫无阻碍地依据事实来构建理论，而直到不久前，宇宙学看上去也不过是数学推理，毫无事实依据。

几年前，我确信宇宙有90%的可能曾经发生过一次"大爆炸"——当前可见宇宙中的一切都源自一个压缩的火球，这个火球比太阳中心的温度高得多。现在我更加确信这个假设了。20世纪90年代，观测技术和实验设备的巨大进步使广阔的宇宙图景变得日益精细，现在我对"大爆炸"这一事件的确信度提高到了99%。

爱因斯坦曾讲过一句著名的格言："宇宙最不可理解之处在于它是可以理解的。"他借这句话表达了对以下事实的惊讶：第一是物理定律，那些需要换个角度才能理解的物理定律不仅在地球上适用，在最遥远的星系上也适用。第二是，牛顿告诉我们，使苹果落下的作用力与维持月球和行星运转的作用力相同。我们现在知道，正是这种作用力将星系捆绑在一起，将一些恒星拉进黑洞，并且最终可能导致仙女星系在我们上空坍缩。最遥远星系中的原子与我们在实验室里研究的那些原子具有一个共同的起源。没有这一共同点，宇宙就不会生成。

宇宙学的最新进展促使我们探讨宇宙的起源、支配宇宙的法则，甚至宇宙的最终命运。所有这些谜题都与"大爆炸"发生后的最初几秒钟有关，当时的条件非常极端，以至于相关的物理学都难以理解，但我们想要知道那几秒钟内时间的特性、维度的数量以及物质的起源。在最初的那一瞬间，一切都被压缩到非常高的密度，使宇宙和微观世界相互重叠在一起，就像奥拉波鲁斯环所示的那样。

空间是不能无限分割的，其精巧的结构仍然是一个谜。大多数物理学家怀疑，宇宙在 10^{-33} 厘米的尺度上存在粒子性，其大小是原子核的 $1/10^{20}$，就像"变焦镜头"所描述的那样，这一比例相当于从原子核大小增大到一个大型城市的大小。在这个尺度上，我们会遇到一个阻碍，即使还存在更小的结构，它们也超越了我们对空间和时间的认知。

最大尺度下的情况又是怎样的呢？自"大爆炸"以来的大约 100 亿年里，有没有一些星球发出的光还没来得及传播到地球上？显然，对于这个问题，我们还没有找到直接的证据。宇宙的大小以及遥远未来可能出现的事物不存在理论上的界限（在空间和未来的时间方面）。宇宙的延伸范围可能不只是目前的数百万倍，而是 10 的数百万次方倍，甚至比这还要大。宇宙远远超出了我们目前的视野，而且它本身可能只是无限集合中的一员，这也是"多元宇宙"这个概念的含义，尽管它只是一个推测，但也是当前宇宙学理论的自然延伸。这个概念之所以被认可，是因为它解释了我们观察到的一些现象。其他宇宙中的物理定律和几何学可能会有所不同，而这个不同给我们提供了一个新的视角，来审视本书描述的六个数所包含的看似特别的取值。

JUST
SIX
NUMBERS

02
宇宙的栖息地（一）：行星、恒星和生命

只有非常特殊的行星才能孕育出与地球上的生命类似的生命，这些行星就像茫茫宇宙中漂浮着的生命栖息地。

　　该死的太阳系。那黯淡的光线；过于遥远的行星；纠缠不休的彗星；脆弱不堪的结构。要是由我去创造宇宙，肯定能造出一个更好的。

——杰弗里勋爵（Lord Jeffrey）

原行星

　　猎户座中有一片巨大的星云，其中包含的原子足以形成一万颗太阳。这片星云有一部分是发光的，因为被明亮的蓝色恒星加热了；其余的则是冰冷、黑暗的尘埃。星云的内部是温暖的块状物，它们并不发光，借助装有红外线探测器的望远镜，我们可以测出这些块状物释放的热量。这些温暖的块状物最终会形成恒星，但目前还处于"原始恒星"阶段。

它们之后会在自身引力的作用下收缩，同时各自被气体和尘埃包围，看上去像一个扁盘。

这些扁盘的出现并不意外。猎户座星云的密度虽然比大多数星际空间都要大，但仍然非常稀薄。在形成恒星的过程中，一些气体会持续收缩，直至密度上升到原来的 100 亿亿倍。任何轻微的自旋都会在收缩过程中被加强（类似于宇宙级别的自旋，就像滑冰选手在旋转时内收双臂会转得更快一样），直到旋转过程中的离心力大到足以阻止所有物质落到恒星表面上为止。那些没有落到新生的恒星上的多余物质会围绕在恒星周围运转。由此形成的扁盘就是行星系统形成的基础：尘埃颗粒会频繁碰撞，聚合在一起形成岩石块，这些岩石块又会进一步合并成更大的星体，最终形成行星。太阳系就是以这样的方式从一个"原始太阳扁盘"中形成的。其他恒星的形成过程与太阳类似，因此我们完全有理由相信，它们也会被行星环绕。

这一设想得到了恒星周围新形成的扁盘的证实，并推翻了 20 世纪初期流行的"大灾变"理论。该理论认为，行星的形成源自一场罕见而特殊的灾难。在这场灾难中，太阳与另一颗恒星发生碰撞（这是一种极为罕见的现象，因为恒星

间的平均距离非常大），恒星的引力使太阳释放出一些气体，
这些气体凝结成"珠子"，有些珠子最后变成了行星。

　　实际上，几个世纪之前的天文学家也认为存在其他的
太阳系。在光学领域做出突出贡献的荷兰科学家克里斯蒂
安·惠更斯（Christiaan Huygens）就写道："为什么不是每
一颗恒星都像太阳一样拥有众多的行星相伴，同时这些行星
又有各自的月亮侍伴当空呢？"

存在其他太阳系吗

　　相比于最终会形成行星的扁盘，那些完全成形且围绕其
他恒星运转的行星更难被探测到。因此，当 20 世纪 90 年
代末，人们发现第一个能够确切证明行星普遍存在的证据
时，便引发了天文学界的震动。太阳系之外的行星难以被发
现的原理很简单。即使使用地球上性能最为优良的巨大望远
镜，如果从很远的距离观测，比如在 40 光年以外观察太阳，
观测者也无法看到任何围绕太阳运行的行星。不过，通过仔
细测量太阳的光线，天文学家推断出了木星（太阳系质量最
大的行星）的存在。这是因为太阳和木星都围绕各自的质量

中心旋转，也就是所谓的"质心"，而太阳的质量比木星的质量大 1 047 倍，并且这个质心离太阳中心的距离比离木星中心的距离要近（实际上质心位于太阳内部），因此，太阳绕质心运转的速度是木星绕质心运转速度的 1/1000。由于其他行星引起的额外扰动，太阳的实际运动更为复杂。由于木星是太阳系内质量最大的行星，因此发挥着主导作用。与此同理，通过对光线的仔细分析，天文学家发现了其他恒星在运动过程中受到的微小干扰，这些干扰是由轨道上的行星引起的，就像木星对太阳运动造成的影响一样。

　　由于组成恒星的各种原子（碳、钠等）能够吸收或者发射特定的光，因此恒星的光谱会呈现出不同的特性。相比于实验室中测得的原子的光谱，如果恒星远离我们，它的光就会向光谱的红端偏移（就像汽笛声会随着距离的增大变低一样），这就是著名的多普勒效应。如果恒星正在靠近我们，其光谱便会向光谱的蓝端偏移。1995 年，日内瓦天文台的两位天文学家米歇尔·梅耶（Michel Mayor）和迪迪埃·奎洛兹（Didier Queloz）发现，飞马座 51 号恒星的多普勒频移存在轻微的波动，好像这颗恒星正在做圆周运动，先朝向地球运动，然后远离，接着再次靠近，非常有规律地循环运转。该恒星的运转速度大约是 50 米每秒。据推断，有一颗与木星大小相当的行星围绕着这颗恒星运行，两者围绕共同的质心旋转。如果这颗看不见的行星的质量是恒星质量的 1/1 000，那么它的轨道速度将是 50 千米每秒，比恒星的运动速度快 1 000 倍。

杰弗里·马西（Geoffrey Marcy）和保罗·巴特勒（Paul Butler）是 20 世纪 90 年代末期最著名的行星探寻者，他们的仪器可以记录小于一亿分之一的波长变化，因此可以测量多普勒效应，即使恒星的运行速度只有光速的一亿分之一（3 米每秒），他们也可以凭借仪器测出多普勒效应。事实上，他们已经发现了许多恒星周围存在行星的证据，这些推测出来的行星都像木星一样拥有很大的体积。不过，这两位行星探寻者所用仪器的测量敏感度是有限的。一颗质量只有木星质量几百分之一的类地行星所能引起的太阳运动速度的变化仅为几厘米每秒，多普勒频移也只有百亿分之一左右，这个变化太小了，根本无法用现有的大行星探测技术进行识别。

事实上，行星探寻者使用的望远镜只有中等大小，其直径只有 2 米左右。因此，并不是所有的重大发现都需要最大、最昂贵的设备，这一点有时常被与大型项目相关的夸大之词掩盖。借助新型的普通仪器，那些坚持不懈、独具匠心的科学家仍然能够获得许多成果。

太阳系的结构是许多"意外"造成的结果。那些穿过地球轨道的流星群仍然是我们面临的威胁。例如，6 500万年前，一颗直径为10千米的小行星撞击地球，在墨西哥湾的希克苏鲁伯（Chicxulub）附近造成了一个巨大的海底陨石坑。这次撞击事件造成的全球性气候变化可能是导致恐龙灭绝的原因。给局部区域造成灾难的较小撞击，则更加普遍。在太阳系年轻的时候，这种撞击事件时有发生。目前，太阳系中大多数原始行星的胚体要么已经被摧毁，要么被踢出了太阳系。月球就是另一颗原始行星撞击地球时从地球上撕下来的一块，月球表面大型的陨石坑见证了其早期历史的暴力性灾变。天王星可能在形成后不久就经历了一次毁灭性的斜向撞击，否则我们很难理解，为什么它的自转轴几乎躺倒在公转轨道平面上，而其他行星的自转轴则或多或少垂直于该平面。太空探测器传回的图片显示，太阳系的所有行星和一些比较大的卫星都拥有非常独特的环境。

其他行星系统不太可能拥有和太阳系一样多的行星，其中的行星排列方式也可能不尽相同。在已被发现的行星系统中，有几个系统拥有一颗类似于木星的大行星，但它们离恒星的距离比水星（太阳系最内层的成员）离太阳的距离更近。不过，这些发现在一定程度上取决于目前的观测技术。沿短周期轨道快速运行的重行星更容易被探测到，而已经发现的重行星很可能有小型的类地行星相伴。

　　只有非常特殊的行星才能孕育出与地球上的生物类似的生命，这种特殊性主要表现在三个方面。第一，行星自身的引力必须足够强大，以防止它们的大气层蒸发到太空中。如果月球上曾经有过大气层，可能早已蒸发了。第二，液态水能够储存于行星表面，此类行星既不能太热也不能太冷，必须与一颗长寿且稳定的恒星保持适当的距离。第三，这类行星的公转轨道必须是稳定的，如果有一颗类似于木星且沿偏心轨道运行的行星不断穿过它们的公转轨道，那么轨道就会不稳定。行星探寻者的高"命中率"表明，银河系中有非常多的类太阳恒星周围存在行星。在这数十亿颗候选行星中，如果没有许多与年轻地球相似的行星，反倒会令人感到惊讶。

　　美国国家航空航天局（NASA）前执行主任丹·戈尔丁（Dan Goldin）强调，天文学家应该将探索类地行星作为太空探索计划的主要推动力，并且这种探索的目标应该是直接获取它们的影像，而不仅仅是间接地推断。然而，仅仅是发现像地球一样的微弱斑点，也就是卡尔·萨根所说的"暗淡蓝点"，就可能需要 15 年才能完成，而且必须在太空中部署大型望远镜阵列。

来自遥远世界的昏暗光线可以传递这些信息：类地行星表面（陆地或海洋）和云层的一些特征，以及每日或季节性的变化情况。根据一颗行星的光谱，我们可以推断出它的大气中存在何种气体。虽然地球的大气层富含氧气，但在最初并非如此，氧气是地球早期演化过程中原始细菌作用的结果。这便引出一个非常有趣的问题：这样的改变是否也会发生在其他地方？如果一颗行星拥有适宜的环境，那么它演化出简单的有机体并形成生物圈的概率有多大？

从物质到生命

直到 19 世纪的最后 5 年，我们才确切地了解到，其他恒星的轨道上存在着一些行星，但不确定其中是否存在生命。这个问题应该由生物学家而非天文学家来解答。到目前为止，科学家并没有对此达成共识。

地球上的生命占据了各种各样的生态位。深海底部热液喷口附近的生态系统表明，对于生命来说，连阳光也不是必不可少的。我们仍然不知道生命是如何以及在何处开始形成的。当前，在生命的起源地这个问题上，炎热的火山比达尔文提出的"温暖的小池塘"更受欢迎。不过，生命也有可能形成于地下深处，甚至形成于太空中的分子云团。

我们也不知道，其他行星能够演化出生命的概率有多大，以及生命的出现是自然的还是包含了一系列极不可能发生的意外，以至于银河系的任何其他行星上都没有发生过类似事件。因此，我们应该在太阳系的其他地方探测生命，这具有非常重要的意义，即使找到的只是简单生命的遗迹。19 世纪以来，火星一直是人们关注的焦点。最近几十年，科学家向这颗"红色星球"发射了太空探测器绕其飞行，以分析它的表面，并将样品送回地球。据推测，木星的冰冻卫星木卫二和木卫四被冰层覆盖的海洋中也可能存在生命，科学家计划发射一个潜水探测器，以在冰层下面进行探测。

如果太阳系中出现过两次生命，这将意味着整个银河系可能充满了生命，或者至少存在简单的生命形式。不过，这种重大的结论必须有一个前提：这两个起源是彼此独立的。这个前提非常重要，如果火星上的陨石曾经撞击过地球，那么也许我们都是火星人；相反，火星也可能被来自地球的流星反向播下了生命的种子！

从简单生命到智慧生命

正是由于各种复杂的历史和偶然事件，人类才得以出现。10亿年来，原始生物呼出的氧气改变了年轻地球的有毒大气，为多细胞生命扫清了道路。化石记录表明，5.5亿年前的寒武纪时期出现了大量水生和爬行动物。在接下来的2亿年里，地球被绿色植物覆盖，为之后形态奇特的动物提供了栖息地，比如像海鸥一样大的蜻蜓、一米长的千足虫、蝎子和两栖动物，随后还出现了恐龙，其之前模糊而又呆滞的形象被《侏罗纪公园》等这类电影中充满活力的形象（与当前的科学观点一致）取代。之后，恐龙在一次突然、始料未及的灾难中彻底灭绝了（此次灭绝被认为是地球史上最突然、最难以预料的一次大灾难）。这个灾难就是，一颗小行星撞击了地球，引起巨大的海啸，扬起的灰尘遮蔽了地球上空很多年。不过，这次巨变为哺乳类动物的出现开辟了道路，直至最后人类出现。

即使我们知道原始生命普遍存在，但关于智慧生命何以存在的问题仍然没有定论。在地球生物圈漫长的演化史中，有一大批形态各异的物种（现在几乎都已灭绝）在其中游过、爬过和飞过。人类是时间和机会的产物，如果进化重新进行一次，结果一定不同。智慧生命的出现似乎并不是注定的，一些前沿生物学家认为，即使宇宙中普遍存在简单的生命，智慧生命也可能极其罕见。我们虽然对此了解甚少，无法精确地评估智慧生命出现的概率，但也没有理由怀疑它们出现的可能性。

地球生命的进化呈现出的惊人而又迷人的复杂性和多样性，使我们意识到无生命的世界是多么简单。不过，这种简单（至少是相对简单）恰好是天文学家研究对象的一大特征。事物之所以难以理解，不是因为它们大，而是因为复杂。若想完全阐明原子是如何在地球上（或其他行星上）组合成复杂到足以思考自身起源的生物，真是一项令人生畏的挑战，其难度超过宇宙学的任何难题。正因为如此，我认为立志去了解大尺度宇宙并不算狂妄。

多年来，"存在众多可居住的星球"的想法一直是玄想者的研究领域。2000年是乔达诺·布鲁诺（Giordano Bruno）在罗马火刑柱上殉难的400周年。他坚信：

> 太空中有无数的星座、太阳和行星，但我们只能看到太阳，因为它们能发出光；行星仍然不可见，因为它们又小又暗。太空中还有无数的地球围绕着它们的太阳旋转，这些地球并不比我们这个地球逊色，也不比它更小。任何理性的人都会相信，比地球大很多的天体上肯定存在生物，它们与地球上的生物相似，甚至更高级。

自布鲁诺之后，这种观点得到了广泛认同。18世纪，伟大的天文学家、天王星的发现者威廉·赫歇尔（William Herschel）就认为，行星、月亮甚至太阳上都有人居住。19世纪80年代，美国富豪珀西瓦尔·洛厄尔（Percival Lowell）在亚利桑那州的弗拉格斯塔夫（Flagstaff）建造了一座天文台，主要用于研究火星。他认为，火星上的那些"运河"是一种灌溉工程，其作用是将水从冰冻极地输送到赤道地带的"沙漠"中。结果证明，这种想法只不过是一厢情愿的希望和视觉错觉相结合的产物。1900年，一家法国基金会出资 10 万法郎设立了古兹曼奖，用以奖励第一次接触外星物种的人。不过，经过慎重考虑，他们将火星探测排除在外，因为他们认为找到火星人过于容易！

外星人与人类有共同的文化吗

美国加利福尼亚州山景城"搜寻地外文明计划"（Search for Extra-Terrestrial Intelligence，简称 SETI 计划）研究所的科学家是搜索地外文明的先锋，他们正在致力于寻找可能由人工发出的无线电信号，为此在世界各地部署了各种大型射电望远镜。这种情节在科幻小说中很常见，比如卡尔·萨根的小说《接触》（Contact），在小说中，这种行为是值得的。在向遥远的宇宙发射信号这个问题上，发射无线电波并不是唯一可行的方式，我们还可以利用窄束激光，因为它可以以更小的能量消耗跨越星际空间。我们已经拥有了相关技术，只要愿意，就可以通过这两种方法中的任何一种向数光年之外的宇宙发射信号，以证明我们的存在。事实上，借助无线电发射器、雷达等众多仪器，我们能向任何使用敏感射电望远镜的外星人昭示自己的存在。对于生命的起源和潜力，我们还知之甚少，因此很难评估哪种探测生命的方法最有效。

因此，明智的做法是使用所有可用的技术，并对所有的可能性保持警惕。不过，我们应该注意"观测对象的选择"：即使我们确实获得了一些发现，也不能断定它们代表的一定就是"典型"，因为我们的仪器和技术限制了观测结果，导致我们对实际观测对象可能产生偏见。

　　其他星球上可能并不存在智慧生命，即使存在，也可能是在某个水下世界，高等海豚在那里专注地享受着海洋生活，根本不会做任何事情来昭示自己的存在。虽然搜寻地外生命的成功概率不是很大，而且系统性地检测人工信号是一项充满风险的工作，但这些都值得去做，因为任何探索都具有哲学上的重要性。任何一种明显的人工信号，即使它像质数或圆周率一样枯燥无味，都意味着"智慧"并非为地球生命所独有，它也存在于其他星球。即使离我们最近并可能存在智慧生命的天体，其距离仍旧非常遥远，无线电信号需要花费许多年才能到达地球。仅仅因为这个原因，无线通信在很大程度上将是单向的。我们也许有时间发送一份慎重的回电，但没有机会快速回应！

　　能与我们通信的外星生命应该具有某些与我们相似的数学和逻辑概念。它们应该也知道支配整个宇宙的基本粒子和力。虽然它们的栖息地可能与地球大不相同，生物圈甚至更不相同，但它们及其星球也是由原子组成的。与我们一样，对外星生命来说，最重要的基本粒子是质子和电子：一个电子绕着质子运动就形成一个氢原子，电流和无线电发射器都含有电子的流动。质子比电子重 1 836 倍，这个数字对于任何有能力并已经实现了传输无线电信号的智慧生命来说，都具有同样的内涵。所有的基本力和自然法则都应该是一样的。事实上，这种一致性（没有它，宇宙将更加令人困惑）似乎延伸到了天文学家所能研究的最遥远的星系。在本书后面的章节中，我将会介绍一些不同的"宇宙"，这些宇宙超出了我们所能观测的范围，它们可能受不同的法则支配。

　　显然，外星人不会使用米、千克或秒等单位，但我们可以与它们交换关于两个质量或者两个长度之间比率的信息，比如质子和电子的质量比，这种比率是纯数字的，与单位无关，比如一根杆的长度是另一根杆的 10 倍，这种说法正确与否，与我们以英尺、米或者某些外星单位来测量长度都没有关系。正如理查德·费曼（Richard Feynman）所说，如果他告诉外星人，他"有 170 亿个氢原子那么高"，它们应该能听懂。

在知识方面，有些智慧生物与我们可能并不存在关联，不过，任何向我们传递信号的生命一定对它们周围的物理世界有了一定程度的控制。只要有一定的思考能力，它们肯定会和我们一样，对宇宙的起源感到好奇，因为我们共同诞生于其中。它们可能也会对这些问题感兴趣：宇宙是如何构成恒星和星系的，以及包含了哪些物质？宇宙是如何膨胀的，它最终的命运又会如何？这类知识将成为我们和所有外星人共有的文化。它们也会注意到，宇宙中存在少数几个关键数字，它们对宇宙环境的营造至关重要。

本书的主题是对这些数字中的六个数进行探讨。这六个数决定了宇宙的主要特征：它是如何膨胀的；能否形成行星、恒星和星系；是否存在有利于进化的化学条件。而且，宇宙的本质敏感地取决于这些数字。如果你想通过调谐这六个数来构造一个可以孕育生命的宇宙，那么调谐必须精确。这六个数的出现是天意还是巧合？它们是"万物理论"唯一确定的结果吗？相关解释似乎都没有说服力。我认为，这种明显的"调谐"暗示了一种更值得关注的东西：当前的可见宇宙，也就是我们借助最大倍数的望远镜所能看到的一切，只是整体的一部分，而整体的宇宙中存在各种各样的物理定律。这虽然只是一种推测，但与我们现有的理论相一致。

　　众所周知，有些恒星也有行星相伴，就像地球绕着太阳运行一样。那么，这些行星拥有什么样的栖息地呢？它们的引力是不是太弱而不能留住大气层？它们是否太热、太冷或者太干燥而无法孕育出生命？它们之中可能只有少数能提供适合生存的环境。所以，在更大的尺度上，可能存在无数其他的宇宙，我们无法观测到它们，因为它们的光永远无法到达地球。这些宇宙是否适宜于进化出某种生命形式，就像在当前的可见宇宙中，至少有一颗恒星周围至少有一颗行星进化出了生命？在大多数宇宙中，这六个数可能是不同的，因此只有少数宇宙会被恰当调谐成适合生命存在的状态。在当前的宇宙中，这些数字似乎是按照天意调谐的，对此我们不应该感到奇怪，因为我们自己正处于一颗相当特殊的行星之上，它的引力维持着一个大气层，适宜的温度保证了水的存在，这颗行星自身正围绕着一颗稳定且长寿的恒星运行。

JUST
SIX
NUMBERS

03

大数 N：宇宙中的引力

如果我们准备与另一颗行星上的智慧生命对话，首先应该从引力开始，而引力比任何自然界中的基本力都更令人感到困惑。

谁会相信理论上的蚂蚁呢？

谁又会相信愿景中的长颈鹿呢？

一万名探索宇宙的博士

也只能探究出丛林一半的秘密。

——约翰·查尔迪（John Ciardi）

牛顿与"机械钟"

如果我们准备与另一颗行星上的智慧生命对话，首先应该从引力开始。引力将行星固定在各自的轨道上，并将恒星聚集在一起。在更大的尺度上，引力控制着由数以亿计的恒星组成的整个星系。任何物质都逃不过它的魔掌，包括粒子和光。它控制着整个宇宙的膨胀，也许还控制着宇宙的最终命运。

我们至今仍未完全了解引力，它比自然界中的任何基本力都更令人费解。不过，引力是第一种可以用数学方式描述的力。17世纪，牛顿告诉我们，任何两个物体之间的引力都遵循"平方反比定律"。引力大小的减弱与两个物体之间的距离的平方成正比，比如，将物体间的距离拉开2倍，它们之间的引力就会减弱至原来的1/4。

　　牛顿意识到，让苹果掉落和控制炮弹轨道的力，与使月球绕地球轨道运行的力是一样的。他提出，自己的定律可以解释行星按照椭圆轨道运行的原因——这一点有力地证明了数学在预测自然界这架"机械钟"[1]的强大威力。

　　牛顿的伟大著作《自然哲学的数学原理》出版于1687年，共分三卷，用拉丁语写成，书中附有几何学论证的复杂定理，为一些杰出的科学家树立了一座丰碑。牛顿的著作（和他的个性）极其严肃，他对哲学家和诗人都产生了巨大的影响，并且这种影响还渗透到了更广泛的公众中，1737年出版的《女性牛顿主义》(Newtonianism for Ladies)

---

① 17世纪的物理学家经常用机械钟（当时最复杂的自动机械装置）来比拟宇宙。他们认为，宇宙像时钟一样遵从力学定律。——编者注

就是例证。此外，一本名为《世界体系》(The System of the World) 的通俗易懂的书中引入了引力理论的精髓观点。

在《世界体系》这部著作中，作者用一幅从山顶水平发射炮弹的插图巧妙地阐述了一个重要发现：炮弹抛出的速度越快，在落地之前就射得越远。如果速度非常之快，炮弹会脱离弹道，进入轨道运动。在牛顿时代，还没有炮弹能达到这个速度（大约 8 千米每秒），但今天我们所熟悉的人造卫星就是基于这个原理进入绕地轨道运行的。牛顿还证明了正是同样的力使得行星沿着椭圆轨道围绕太阳运行。在更大的尺度上，引力同样作用于星系，比如在银河系中，数十亿颗恒星被引力固定在轨道上，围绕着一个中心轴运行。

在太阳和其他类似的恒星中，引力和内部压力之间存在着一种平衡，引力将恒星内部物质压缩在一起，如果没有引力的作用，内部的压力就会使它们分开。在地球的大气层内，地面的压力同样平衡了我们上方所有空气的重量。

大尺度和小尺度上的引力

地球引力对大物体的影响比对小物体的影响更强烈。如果灾难片的摄制者准备使用模型来拍摄一座桥梁或大坝倒塌的场景，他们不会用真正的钢筋混凝土来建造模型，而是用非常易碎的材料，这种材料从桌面高度掉落就会弯曲或粉碎。这种影片需要采用高速摄影拍摄，并以慢动作回放，才能达到逼真的效果。然而，即使再谨慎细致，也会露出破绽，使我们明白那些场景是微缩模型，而非真实的场景。比如，小型水箱中的水的波纹会因为水的表面张力（把雨滴聚成团的力）变得平滑，但在真正水流湍急的河流或海洋中，这种影响是可以忽略的，根本观察不到。表面张力能使蜘蛛在水面上行走，但无法使人类也能如此。

在生物界，合适的尺寸有时至关重要。巨型动物并不仅仅是小型动物的简单放大版，因为它们身体各部分之间的比例是不同的，例如，身体越高，腿就越粗。假设将一只动物的尺寸放大 1 倍，但体型保持不变，那么它的体积和重量会增加到原来的 8 倍（2^3），而不是 2 倍；与此同时，它的腿的横截面只会增加到原来的 4 倍（2^2），这就会造成支撑力不足，因此需要重新设计。动物的体型越大，摔得就越重，像"哥斯拉"（Godzillas）[1]这种巨大的动物需要比身体更粗的腿，但即使如此也经不住一摔；相反，老鼠却可以垂直爬树，即使从几倍于自己身高的地方摔下来也安然无恙。

伽利略，这位在牛顿出生那一年逝世的著名物理学家第一个清楚地认识到了尺寸的重要性，他写道：

> 大自然不会创造出无法度量的大树，因为它们的枝干最终会因自身的重量而倒下……当身体变小时，力量不会随之按比例减弱；相反，在非常小的身体里，力量会以更大的比例增长。我相信一只小狗可以在背上驮两三只同样大的狗，但我不认为一匹马能驮起一匹跟自己一样大的马。

类似的原理也限制了鸟类的大小。相比于惯于滑翔的信天翁，盘旋的蜂鸟受到的尺寸限制更严格。不过，对于水生生物来说，这种尺寸上的限制很宽松，海洋中允许存在巨型海兽。然而，尺寸过小也会产生问题：皮肤表面积与体重之

---

①《哥斯拉》系列电影中的巨型怪兽，现在为日本流行文化及全球最知名的代表符号之一。——编者注

间的比例会变大，导致体内的热量很快散发掉；因此，小型哺乳动物和鸟类必须快速进食和代谢才能保持体温。

其他世界也存在类似的限制。比如，物理学家埃德温·萨尔皮特（Edwin Salpeter）曾和卡尔·萨根一起从生态学的角度推测，一些类似气球的假想生物能在木星稠密的大气中生存。这类生物每一代出生之后都将面临一场与时间的赛跑：它们必须尽快膨胀到足够大的体积，以获得足够大的浮力，从而避免引力将它们拉到黑暗深处的低层大气中，在高压中毁灭。

N 的巨大值及其原因

尽管引力对人类、生物圈以及宇宙都很重要，但与其他影响原子的力相比，引力的作用实际上是极其微弱的。极性相反的电荷相互吸引：一个氢原子由一个带正电荷的质子和一个带负电荷的电子组成，电子被锁定在绕质子运动的轨道上。根据牛顿定律，两个质子在引力作用下相互吸引，同时产生相互排斥的静电力。这两种力与距离具有同样的关系，都遵循"平方反比定律"，两者的相对强度可以用一个重要的数字 N 来表示，其大小与质子间的距离无关。但是，当两个氢原子结合形成一个分子时，质子之间的静电力就会被两个电子中和。质子之间的引力为静电力的 $1/10^{36}$，几乎无法测量。当化学家研究原子团如何结合在一起形成分子时，完全可以忽略引力的作用。

那么，引力又是如何占据主导地位，将我们固定在地面上，并将月球和行星固定在各自的轨道上的呢？原因在于，引力会随着质量的增加不断累加。如果一个物体的质量增加一倍，那么它产生的引力就会增加一倍。与引力不同的是，电荷可以相互排斥，也可以相互吸引，它们可以为正，也可以为负。如果两个电荷的极性相同，那么两者的静电力就是一个电荷的两倍。任何物体都是由大量的原子组成的，而原子都是由带正电荷的原子核和带负电荷的电子组成的，两者会相互抵消。即使我们"充电"到头发都竖起来了，静电力之间的不平衡也不到十亿分之一个电荷。与电荷不同的是，所有物体都具有相同的"引力子"符号，因此，相对于较大物体的静电力，引力会增加。当固体被压缩或拉伸时，静电力的平衡只会受到轻微的干扰。因此，只有当地球上所有原子的引力联合起来克服将苹果固定在树枝上的电作用力时，苹果才会掉下来。引力对人类而言很重要，因为我们生活在质量很大的地球上。

对此，我们可以给出定量解释。在第 1 章，我们假设拍摄了一组照片，每一张照片的视觉距离都是上一张的 10 倍。现在我们设想一组不同大小的球体，分别包含 10、100、1 000……个原子，换句话说，按照从小到大的顺序排列，每颗球的质量都是前一颗球的 10 倍。这样便可以估算出，第 18 颗球就像一粒沙子那么大，第 29 颗球像一个人那么大，而第 40 颗球则有一颗稍大一点儿的小行星那么大。质量每增加 1 000 倍，体积也会相应增加 1 000 倍（假定这些球体的密度相等），而半径只会增加 10 倍。球体本身的引力强度可以通过将一个原子从它的引力场中移除所需要的能量来表示，其大小取决于球体质量与半径的商，所以引力强度只增加 100 倍。在原子的尺度上，引力已经足够强，为 10^{36}。但是，由于质量每增加三个量级（即 10^3），引力强度只增加两个量级（即 10^2），所以上述的引力强度已经达到第 54 颗球的引力大小（54=36×3/2），其质量和木星差不多。任何比木星质量更大的天体，其引力之大足以成为将固体结合在一起的主导力量。

就像我们一样，沙粒和糖块也会受到地球引力的影响。不过，它们的自引力[①]可以忽略不计。对于小行星来说，自

---

① 组成它们的原子对彼此而不是对整个地球施加的引力。

引力并不重要，在火星的两颗土豆形状的小卫星（火卫一和火卫二）上，自引力也不重要。像行星一样大的天体（甚至是月球）都不够坚硬，也就是密度不够大，保持不了固定的形状，引力使它们大致呈球形；而质量比木星大的天体则会被自身的引力挤压，达到非常高的密度，除非中心变得足够热，能够提供平衡引力的压力，这正是太阳和其他恒星内部发生的情况。正是因为小尺度上的引力如此之弱，像太阳这样的典型恒星的质量才会如此之大。在任何较轻的天体中，引力既无法与压力相抗衡，也无法挤压物质产生足够高的热量和密度，使天体发光。

太阳的质量大约比木星大 1 000 倍。如果太阳没有热量，引力会将它挤压成比普通固体密度大 100 万倍的物体，这样太阳将会变成一颗与地球体积相同的白矮星，但质量却是地球的 33 万倍。实际上，太阳内核的温度高达 1 500 万摄氏度，比其发光的表面高出数千倍，这种巨大的高温气体的压力使太阳发生"膨胀"，并处于平衡状态。

英国天体物理学家阿瑟·爱丁顿（Arthur Eddington）是最早了解恒星物理性质的人之一。他曾经设想，如果人类生活的星球永远笼罩在云层中，单凭理论知识，我们对恒星能知多少。显然，我们无法估算出它们的数量。不过，根据我刚才概述的思路进行简单的推理，我们可以知道它们有多大，进一步估算出这些天体有多亮，这个过程并不太难。爱丁顿总结道："一旦拨开笼罩在物理学家头顶上的云层，仰望天空，他们就会发现 10 亿颗气态恒星，它们几乎都跟太阳一样具有很大的质量。"

引力约为控制微观世界的力的 $1/10^{36}$。如果引力没有这么弱，会发生什么呢？请设想这样一个宇宙，那里的引力只比静电力弱 10^{30}，而不是 10^{36}。在这种情况下，原子和分子的运动仍然与当前宇宙的一样，但在引力战胜其他作用力之前，物体无须变得非常大。在这个设想的宇宙中，形成一颗恒星（一个受引力约束的核聚变反应堆）所需的原子数量将会是当前宇宙的十亿分之一，行星的质量也将仅为当前质量的十亿分之一。无论这些行星能否保留在稳定的轨道上运动，它们的引力强度都会阻碍生命的进化。在一个拥有强引力的世界中，即使是昆虫也需要粗壮的腿来做支撑，没有动物能够长得更大，像人类这么大的实体都会被引力压碎。

在这样的强引力宇宙中，星系形成的速度会快得多，但尺寸会小很多。其中的恒星不是广泛地分散在各处，而是密集地聚集在一起，以至于经常发生近距离的接触。这本身就会阻碍稳定的行星系统的形成，因为轨道会被经过的恒星扰乱，这在当前的太阳系中是不可能发生的，对地球来说这是一种幸运。

不过，在这个设想的强引力宇宙中，形成复杂生态系统的更大障碍是演化时间的限制。这个宇宙中的"微型恒星"的热量散发得很快，其寿命将是当前宇宙中的恒星的 $1/10^6$ 倍，也就是说，一颗普通恒星只能存活大约 1 万年，而不是 100 亿年。微型恒星的燃烧速度很快，甚至在有机物进化出现之前就已经耗尽了所有的能量。引力变得越大（假定其他条件不变），就越不利于复杂结构的进化。在当前宇宙中，天文演变过程的巨大时间跨度与任何物理或化学反应过程的基本的微观时间尺度之间存在着巨大的鸿沟，但在强引力宇宙中，不存在这种鸿沟。与此相反，引力越弱，越有利于发展出更精细、更长寿的结构。

引力是组织宇宙秩序的力。我们将会在第 7 章看到，"大爆炸"之后，引力在宇宙结构从无到有的过程中起着至关重要的作用。正因为引力相对于其他力来说比较弱，大而长寿的结构才能存在。然而矛盾的是，引力越弱（假定它不是零），导致的后果就越严重、越复杂。没有理论能推导出 N 的值，我们所知的只有，如果 N 远小于 1 000 000 000 000 000 000 000 000 000 000 000 000，像人类这么复杂的生物就不会出现。

从牛顿到爱因斯坦

牛顿之后两个多世纪，爱因斯坦提出了自己的引力理论，也就是著名的"广义相对论"。根据这一理论，行星实际上在"时空"中是沿着直线路径运行的，只是因为太阳的存在，其路径才发生了弯曲。人们常说爱因斯坦"推翻了"牛顿物理学，这实际上是一种误导。牛顿定律仍然能够很精确地描述太阳系中的运动 ①，并且适用于计算月球和行星探测器的运行轨迹。然而，与牛顿的理论不同，爱因斯坦的理论可以用于描述速度接近光速的物体、能产生如此巨大速度的超强引力，以及引力对光本身的影响。更重要的是，爱因斯坦的理论深化了我们对引力的理解。为什么所有粒子以同

① 在具有超强引力的环境中，牛顿的理论就不再适用，这之中最著名的一个例子是水星轨道上的一个微小异常，爱因斯坦的理论解决了这个问题。

样的速度遵循相同的轨迹下落——为什么所有物质的引力和惯性的比值都是完全相同的（这与"电荷"和"质量"不成比例的静电力不同）？这一切对于牛顿而言，都是未解之谜，而爱因斯坦证明，这不过是以下原理的自然结果：所有物体在时空中都沿着同一条"最直"的路径运动，该路径因质量和能量而发生弯曲。因此，广义相对论是一个概念上的突破，尤其值得注意的是，它源于爱因斯坦深刻的洞察力，而非任何具体的实验或者观察。

　　爱因斯坦并没有"证明牛顿是错的"，而是超越了牛顿的理论，将牛顿的理论融入更深刻、更广泛、更普适的理论体系之中。我认为，用另一个名字来命名爱因斯坦的理论也许会更好：不是"相对论"，而是"不变论"。爱因斯坦的成就是发现了一组可以被任何观察者应用的方程，并包含了以下著名的假设：无论观察者如何移动，由任何"局部性"实验测量的光速都是相同的。

　　任何科学发展的标志都是其理论越来越具有普遍性，这些理论包含了以前看似不相关的事实，并扩大了旧有理论的适用范围。物理学家兼历史学家朱利安·巴伯（Julian Barbour）将这比喻成登山，我觉得很有道理：

我们爬得越高，视野就越开阔。每登高一步，就更有助于理解事物之间的相互联系。更重要的是，每当视野不断地突然扩大，逐渐积累的理解就会随之不断更新，就像我们到达山顶时，看到了在攀登中从未想象过的景象。一旦我们在新的环境中找到了自己的方向，通往最近可到达的高峰的道路就会显现出来，进而在新世界中占据重要地位。

经验塑造了人类的直觉和常识，所以人类更容易接受直接影响自身的物理定律。从某种意义上来说，牛顿定律被"存录"在猴子的大脑中，所以它们可以自信地从一棵树荡到另一棵树上。然而，遥远的太空中的环境与我们的截然不同，在巨大的宇宙尺度上，在高速运动中，或者在引力强大时，常识性的观念就会失效。对此，我们不应该感到惊讶。

如果有一种智慧生物可以在宇宙中快速漫游①，那么它们对空间和时间的直观感觉将被大大拓宽，会将独特而有些怪异的相对论效应印入脑海。光速具有一种非常重要的特征：它只能被接近，但永远不会被超过。不过，这个"宇宙

---

① 受到基本物理定律的约束，但不受当前技术的约束。

极限速度"并不会限制你一生能在宇宙中走多远，因为当宇宙飞船加速并接近光速时，时钟将会变慢（因为飞船上的时间会"伸长"）。如果你去 100 光年外的一颗恒星上旅行，当返回地球时，无论你觉得自己多么年轻，相对于地球上的人来说，你已经度过了 200 多年的光阴。虽然宇宙飞船的速度不可能比光速还快（通过地球上观察者的测量），但它的速度越接近光速，你就越不容易衰老。

这些效应是违反直觉的，因为我们的经验仅限于低速情况。一架客机的飞行速度仅为光速的百万分之一，远不足以让人察觉到时间的伸长效应，即使对最习惯于飞行的人来说，其一生所经历的这种效应加起来也不到一毫秒。虽然这种效应很小，但通过精确到十亿分之一秒的原子钟，人们已经测量出来了，而且与爱因斯坦的预言相符。

引力同样可以让时间"伸长"：在大质量物体附近，时钟往往运行得比较缓慢。这种变化在地球上几乎是不可察觉的，因为就像我们只习惯于低速运动一样，我们只经历过"弱"引力作用。不过，在设置极为精确的全球定位系统（GPS）时，我们就必须考虑这种效应及其对轨道运动的影响。

　　我们可以用一个物体逃逸出所在天体的速度来衡量该天体的引力大小。逃逸出地球所需的速度是 11.2 千米每秒。虽然这个速度与 30 万千米每秒的光速相比很小，但对工程师来说，达到这个速度是一项巨大的挑战，他们被迫使用化学燃料，这种燃料只能将其所谓的"静止质能"[①]的十亿分之一转化为有效能量。逃逸出太阳所需的速度是 618 千米每秒，仍然只有光速的五百分之一。

"强引力"和黑洞

　　牛顿的理论在太阳系的任何地方都适用，只需作极小的修正即可。实际上，当引力变得特别强大时，情况就会变得令人匪夷所思。天文学家已经发现了引力特别强大的地方，例如，中子星附近。当恒星爆炸形成超新星时，会留下这些超高密度的残留物（我们将在下一章讨论这个问题）。中子星的质量通常是太阳的 1.4 倍，但直径却只有 20 千米左右。它们表面的引力比地球的强一万亿倍。在那里，升高 1 毫米所需要的能量比完全摆脱地球引力所需要的能量还要多；一

① 根据爱因斯坦著名的质能方程 $E=mc^2$，第 4 章会详述。

支笔从 1 米高的地方掉下来会产生相当于 1 吨 TNT 炸药的能量（尽管中子星表面的巨大引力实际上会立即将这些物体压扁）。在那里，物体需要达到光速的一半才能摆脱中子星的引力，而任何从很高的位置自由落在中子星上的物体，其下落速度都将超过光速的一半。

当引力变得和中子星周围的引力一样强大时，牛顿的理论就无法适用，这时需要用到爱因斯坦的广义相对论。中子星表面附近的时钟会比远离表面的时钟慢 10% ～ 20%。从中子星表面发出的光会发生严重的弯曲，如果你从远处看，不仅能看到中子星的正面，还能看到其背面的一部分。

一个体积比中子星小许多或重几倍的天体会捕获它周围的所有光，从而形成一个黑洞，而该黑洞周围的空间也会自我"封锁"起来。如果太阳被压缩到半径为 3 000 米以内，它就会变成一个黑洞。幸运的是，自然界已经为我们做了这样的实验，因为宇宙中的确存在这种坍缩了的天体，它们"刺穿"了空间，并与外部宇宙相互隔绝。

银河系中有数百万个黑洞，每个黑洞的质量约为 10 个太阳质量，它们是大质量恒星的最终状态，或者是恒星之间碰撞的产物。当这些天体在太空中被隔绝时，它们就变得非常隐蔽，只能通过施加在其他物体上的引力效应或者通过它们附近的光线才能被探测到。有些黑洞带有一颗普通恒星绕其运行，形成双星系统，这样的黑洞更容易被探测到，对应的探测技术与通过测量恒星运动所受到的扰动来探测行星的技术相同，只不过这里更加简单。因为在这种情况下，可见恒星的质量小于暗天体的质量（而不是重 1 000 倍或更多），所以会在一个较大的轨道上以更快的速度运转。

天文学家总是对宇宙中最"极端"的现象特别感兴趣，因为通过研究这些现象，我们才最有可能有一些全新的发现。最引人注目的极端现象是一种惊人的剧烈闪光，被称为"伽马射线暴"。这类事件的威力非常强大，以至于在几秒钟内，它们的亮度就能超过 100 万个恒星星系。导致这种现象的可能是正在形成过程中的黑洞。

一个个的星系中心可能潜伏着更大的黑洞，我们可以通过观测在它们周围以接近光速旋转的气体所产生的强烈辐射，或者通过探测经过它们附近的恒星的超高速运动来推断黑洞的存在。离银河系中心非常近的恒星运行得非常快，就如同受到了一个暗天体的引力作用，这个暗天体就是一个质量为 250 万个太阳质量的黑洞。黑洞的大小与其质量成正比，而位于银河系中心的这个黑洞的半径为 600 万千米。其他星系的中心存在着一些更巨大的黑洞，其质量相当于几十亿个太阳质量，与整个太阳系一样大，尽管与藏身的星系相比，它们仍然非常小。

尽管黑洞很奇特，违反了我们的直觉，但描述它们实际上比任何天体都更容易。地球的结构取决于它的历史和构成元素，而且，围绕其他恒星运转的行星，即使大小相同，构造也肯定大不相同。太阳基本上是一颗巨大的气态星球，表面不断呈现出湍流和耀斑，如果它包含了不同于当前的原子"组合"，外观可能会有所不同。然而，黑洞失去了所有关于它是如何形成的"记忆"，很快就进入了一个标准的稳定状态，这种状态只需用两个量便能描述：一是进入黑洞的质量是多少，二是它自转的速度有多快。

1963 年，远在没有任何证据证明黑洞存在之前，也就是在美国物理学家约翰·阿奇博尔德·惠勒（John Archibald Wheeler）提出"黑洞"这个名称之前，新西兰的一位理论物理学家罗伊·克尔（Roy Kerr）就求出了爱因斯坦方程应用于自转物体时的一组精确解。之后，其他学者继续研究，并获得一个重要结论：任何坍缩的物体最终都会变为一个黑洞，克尔的公式准确地描述了这种特性。由此，黑洞和基本粒子一样成为标准化概念，而爱因斯坦的理论则准确地告诉我们黑洞如何扭曲空间和时间，以及它们"表面"的形状。

在黑洞周围，我们对空间和时间的直觉将会出现重大错误。按照我们的直觉，光沿着"最直"的路径传播，但在一个强烈扭曲的空间中，这条路径可能是一条复杂的曲线。在黑洞附近，时间过得很慢（甚至比中子星附近还要慢）。相反，如果你在离黑洞很近的地方悬停，或绕着黑洞旋转，就会看到外部宇宙在加速运转。黑洞周围有一个定义明确的"表面"，在处于安全距离的观察者看来，时钟（或一个下落中的实验者）似乎被"冻结"了，因为时间的伸长几乎是无限的。甚至连光也无法从这个表面以内逃逸出来，这是因为空间和时间的扭曲可能更加严重，就像空间自己在吞噬自己，速度极其快，即使向外照射的光线也会被拉回内部。在黑洞中，你无法在空间中向外移动，就如同你不能在时间中向后移动。

自转的黑洞扭曲时空的方法更为复杂。为了说明这一点，我们想象这样一个涡流，其中的水朝着中心旋涡旋进。在远离涡流的地方，你可以驾船随心所欲地航行，要么顺流而下，要么逆流而上。但在靠近涡流的地方，水的旋转速度超出船速，虽然你仍然可以向外（沿一条向外的螺旋线）和向内移动，但你不得不跟着水流转；再往里，水向中心旋进的速度会变得比船速更快，如果你胆敢进入某个"临界半径"之内，就无法掌控自己的命运，只能被吸入涡流，走向毁灭。

黑洞有一个表面，类似于单向膜，任何从黑洞内部发出的信号都无法传送给位于黑洞之外安全距离处的伙伴，任何进入"表面"的人都会被困住，并注定会被吸入一个区域。根据爱因斯坦的方程，在有限的时间（用他们自己的时钟计时）内，这个区域的引力将达到无限大。这个"特异现象"意味着，这一切超越了我们所知的物理过程，正如它们在宇宙形成之初所表现的那样。任何坠入黑洞的人都会遭遇"时间的终结"。这是大危机的前兆吗？我们的宇宙最终难逃大坍缩的命运，还是会有一个永恒的未来？或者一些未知的物理过程可以保护我们摆脱这种命运？

众所周知，爱因斯坦的理论是根据这样一种"愉快的想法"构建起来的，即引力与加速运动是不可区分的。在自由下落的电梯中，我们测量不出引力的作用。如果一队视死如归的宇航员排成固定方阵向地球自由落体，那么他们之间的水平间距将会缩小，但垂直间距将会增加。这是因为他们的轨迹都向地球的中心汇聚，并且引力对处于地层中较低位置的物体施加的引力更大，所以越靠下的宇航员所受的引力越大，离地球也就更近。每个宇航员身体的不同部位之间也会有类似的引力效应：在双脚朝下的坠落中，宇航员的身体会被纵向拉伸和横向压缩。在地球引力场中，人是无法察觉到这种"潮汐力"的，但在黑洞周围，这种力的影响是灾难性的，恐怕宇航员还没有到达黑洞中心的特异之处，就已经被撕成碎片，拉成"意大利面条"。当一名宇航员向着一个恒星质量的黑洞坠落时，即使在到达黑洞表面之前，也会感受到强烈的潮汐效应；此后，他将在几毫秒（根据宇航员的时钟测量）内到达黑洞中心。不过，在银河系中心的超大质量黑洞周围，潮汐效应要温和得多：即使在穿过其表面之后，在足够接近中心地点、让人感到严重不适之前，宇航员仍会有几小时的时间进行从容的探索。

原子尺度的黑洞

黑洞并不只是一个非凡的理论构想。黑洞确实存在的证据越来越令人信服。与我们在宇宙中观察到的最为壮观的现象（比如类星体和超新星爆炸）相比，黑洞更为复杂。关于它们究竟是如何形成的，目前仍存在激烈的争论。不过，在一颗死亡的恒星上或者在星系中心的气体云中，引力为何会战胜所有其他的力，这个问题已经没有什么神秘可言。黑洞的形成要求其质量至少和恒星的质量一样大，因为我们已经看到，对于小行星和行星来说，引力无法压倒其他力。事实上，即使处于一颗云雾包裹的行星上，物理学家也有信心预言，如果存在恒星，那么也可能存在恒星质量的黑洞。

正如我们所看到的那样，恒星的大小一方面由引力和原子力之间的平衡决定，另一方面又反过来决定成形黑洞的质量。根据爱因斯坦的理论，黑洞中并不存在任何特殊的物质，它是由空间本身的结构形成的。由于空间是一个平滑、连续的整体，因此，除非按比例进行测量，否则我们无法判断，一个黑洞一旦形成，是像原子一样大，还是像恒星一样大，或者像当前的可观测宇宙一样大。

即使一个只有原子大小的黑洞，也可能拥有一座山那么大的质量。从定义上来说，黑洞是引力压倒所有其他的力而形成的天体。若想形成一个原子大小的黑洞，必须将 10^{36} 个原子压缩到一个原子的大小。这个令人生畏的要求是宇宙数字 N 巨大取值的另一个后果，这一常数反映了在原子尺度上引力的微弱程度。那么，是否存在比原子还小的黑洞呢？由于空间在最小的尺度上具有粒子性，这里会存在一个最终的极限，我们将在第 10 章重新回到这个话题。

如果存在原子大小的黑洞，那么它们可能形成于宇宙最初阶段压力极大的环境中。如果它们真的存在，那将会是宇宙和微观世界之间的一条"迷失的纽带"。

JUST
SIX
NUMBERS

04
恒星、元素周期表和 ε

确定不同原子之间的比例是天体物理学的一大胜利，
而原子的本质主要取决于一个数字：ε。

我相信，即使一片草叶也是恒星的杰作。

——沃尔特·惠特曼（Walt Whitman）

作为"核聚变反应堆"的恒星

地球的年龄有多大了？通过对放射性原子的测量，地球的年龄被确定为 45.5 亿年。早在 19 世纪，人们已经提出了地球拥有悠久历史的有力论据。一方面，地质学家通过测算侵蚀和沉积过程的速度，估算出地球的年龄至少有 10 亿年。通过对物种进化速度的估算，达尔文主义者也提出了相同的观点。另一方面，伟大的物理学家威廉·汤姆逊（William

Thomson，又称开尔文勋爵）却计算出，只需地球年龄1%的时间，太阳就会因为内部所有热量散失殆尽而熄灭。因此，他消极地断言："几百万年以后，地球上的居民将会失去生命所必需的光和热，除非光和热还存在于我们未知的来源之中，并且已经在造物主的大仓库中准备好了。"20世纪的科学研究证实，这样的能源确实存在，就在原子核里，氢弹就是储藏在原子核内的能量的一种极具杀伤力的应用。

太阳的能量来源于由氢原子（最简单的原子，原子核由一个质子组成）转化为氦原子（第二简单的原子，原子核由两个质子和两个中子组成）的过程。长期以来，人们希望利用核聚变获得新的能源（"受控核聚变"），但无法达到发生核聚变所需的数百万度高温。更大的问题是，如何用物理方法将这种超热气体限制在一定范围内，并用磁力将其困住，因为很显然，任何固体容器都会被它熔化。太阳的质量如此之大，以至于引力将包裹在外部的较冷层向内拉，从而"盖住"了高压内核区。太阳就这样调整了自己的结构，使原子能在其内核里产生，并以能够平衡表面损失的热量所需的速率向外扩散，而这些损失的热量正好是地球上生命形成的基础。

这种燃料使太阳照耀了我们近50亿年。然而，再过50

亿年左右，它的燃料就会耗尽，那时，太阳的内核就会收缩，而外层会膨胀。在此后1亿年 ① 的时间里，太阳将会变得更亮，并膨胀为一颗被称为"红巨星"的恒星，届时太阳将会吞噬内行星，并蒸发掉地球上的所有生命。与此同时，太阳的一些外层会被吹走，但内核会收缩成一颗白矮星，并在太阳系干涸的残骸上发出暗蓝色的光芒，亮度还不及现在的满月。

　　天体物理学家对太阳的内部结构进行了测算，并与观测到的太阳的半径、亮度、温度等进行了拟合，得出的结果与测算结果相符。因此，他们可以自信地告诉我们太阳内部的具体情况。他们还可以计算出未来几十亿年太阳将如何演变。显然，这些计算结果还不能得到直接验证。不过，我们可以观察其他与太阳相像但处于不同演化阶段的恒星。如果我们有大量形成于不同时间段的恒星可供研究，那么为每颗恒星的一生提供一张"快照"并非难事。这就好比，通过观察不同阶段的大量生命，一个刚着陆在地球上的火星人很快就能推断出人类或树木的生命周期。即使在最邻近地球的恒星中，我们也能分辨出哪些还很年轻，不超过100万年，而哪些处

---

① 相对于地球的整个生命周期，这只是短短一瞬而已。

于濒死状态，已经吞噬了它们曾经拥有的所有行星。

上述推论其实基于这样一个假设：原子及其原子核在任何地方都是一样的。虽然牛顿的伟大理论将地球和天体运行轨道上的引力联系了起来，但他只研究了太阳系内部的运动。我们花了很长时间才意识到，引力一样作用于其他恒星，甚至其他星系。在古代，人们认为，天体是由一种特殊的物质"精华"构成的，这些物质比土、空气、火和水都纯净。直到 19 世纪中叶，我们对太阳的构成还是一无所知。通过使用棱镜对太阳和其他恒星的光谱组成的分析，人们发现，来自太阳和其他恒星的光包含了地球上常见原子的特征谱线。恒星的物质成分和"月下界"地球上的原子并无不同。

天体物理学家可以像计算太阳的演化过程那样，简单地计算出一颗恒星的生命周期，并判断该恒星的质量是太阳的一半、2 倍或者 10 倍。较小的恒星燃烧燃料的速度较慢。相比之下，质量是太阳质量 10 倍的恒星比太阳亮几千倍，消耗燃料的速度也更快，例如猎户座中排列成梯形的 4 颗蓝色恒星。这类恒星的寿命比太阳要短得多，而且死亡方式更为惨烈，会以超新星的形式爆炸。在几个星期内，它们的亮度相当于几十亿个太阳，其外层以两万千米每秒的速度被抛射出去，形成一股爆炸波，冲击周围的星际气体。

1987 年 2 月 24 日，加拿大天文学家伊恩·谢尔顿（Ian Shelton）与其助手在智利北部的拉斯坎帕纳斯天文台进行例行观测。在南方的天空，他们发现了一种陌生的光团，很亮，足以用肉眼看到。然而，前一天晚上它并不存在。事实证明，这是近代以来观测到的距离最近的超新星。从最早的几个星期，直到随后几年里亮度逐渐减弱的过程中，天文学家使用现代天文学技术对其进行了持续的监测，用以检验这类大爆炸的已有理论。这是唯一一颗其前身恒星已经为人所知的超新星：从过去的照片来看，原来处在这颗超新星位置上的是一颗蓝色恒星，其质量大约为太阳质量的 20 倍。

超新星代表了恒星生命中的灾难性事件，涉及一些极端的物理过程，天文学家自然会为之着迷。然而，地球上只有万分之一的人是天文学家，其他人更关注地球表面上的活动。那么，这些数千光年外的恒星爆炸与所有发生在地球表面或靠近地球表面的活动有什么关系呢？答案令人惊讶不已，它们竟然对每个人的生存环境起着至关重要的作用。没有它们，我们就不会存在。正是超新星创造了构成地球的原子“组合”——这是复杂生命的化学基石。自达尔文以来，我们已经了解了人类出现之前的进化和自然选择，以及我们与生物圈其他部分的关联。现在，天文学家将地球的起源追溯到太阳系形成之前就已经毁灭的恒星，而正是这些古老的恒星构成了人类和地球的原子。

恒星里的炼金术

在自然界中，有 92 种不同的原子，它们被排列成"元素周期表"。每个原子在表中的位置取决于其原子核中质子的数量。元素周期表从 1 号元素氢开始，到 92 号元素铀。原子核中不仅含有质子，而且含有另外一种粒子，叫作中子。中子比质子稍重一些，但不带电荷。一种特定元素的原子可以有几种变体，叫作同位素，所含中子数各不相同。例如，碳元素在元素周期表中属于 6 号元素：它的原子核中含有 6 个质子。最常见的碳原子是 ^{12}C，它包含 6 个中子，但还存在拥有 7 个和 8 个中子的同位素，分别被称为 ^{13}C 和 ^{14}C。铀是自然界中最重的元素，但实验室里已经制造出了更重的原子核，其原子序数高达 114。这些超重元素不稳定，易于衰变。有些元素的寿命长达数千年，比如钚（94 号元素）。那些编号超过 100 的元素可以在原子核碰撞实验中被制造出来，但很快就会发生衰变。

　　当一颗大质量恒星内核的氢元素全部转化为氦元素（2号元素）后，恒星的内核便会向内收缩，使内部温度继续升高，直到氦元素能够参与核聚变反应。由于氦原子核的电荷是氢原子核的 2 倍，因此它们需要更快地碰撞，以克服更强烈的电斥力，这就需要更高的温度。当氦耗尽时，恒星会进一步收缩并升温。像太阳这类普通大小的恒星无法获得足够高的温度，使核聚变长久地进行下去，但大质量恒星因为具有更强大的引力，其中心温度可以达到 10 亿摄氏度。在生成碳元素（6 号元素）的过程中，这些恒星会释放出更多能量，并引起一系列核聚变反应，产生更重的原子核：氧、氖、钠、硅等原子核。特定原子核形成时所释放的能量取决于将其质子和中子"黏合"在一起的核力与质子之间的静电排斥力之间的对抗程度。铁原子核（包含 26 个质子）比其他任何原子核结合得都要紧密，必须增加能量（而不是释放能量）才能形成比它更重的原子核。因此，当恒星的内核都被转化为铁原子核之后，将会面临一场能源危机。

　　随后的发展充满了戏剧性。一旦铁原子核所占的比例超过一定的阈值（约 1.4 个太阳质量），引力就会占上风，铁原子核向内坍缩到中子星大小，同时释放出巨大的能量，形成一次大爆炸，外部物质被抛向太空，最终变为一颗超新星。此时的恒星形成一种"洋葱"似的结构：氢和氦仍在外层燃烧，而较热的内层物质按照元素周期表的排列顺序由外向内依次分布。被抛回太空的碎片中包含了这些混合在一起的元素，氧是最常见的，其次是碳、氮、硅和铁。结合所有类型的恒星及其所经历的各种演化阶段，我们可以计算出这些元素之间的比例，得出的结果与在地球上观察到的比例一致。

铁元素在元素周期表中仅仅排列在第 26 位。初看之下，形成比铁原子重的原子似乎是一个问题，因为必须注入更多能量才能合成它们。不过，恒星在坍缩过程中产生的高温，加上外层爆炸产生的冲击波，二者的能量一起促进了少量元素周期表中的其余元素的产生，直到第 92 号元素铀。

银河系的生态系统

第一批恒星形成于大约 100 亿年前，由原始物质构成，这种物质只含有最简单的原子，没有碳，没有氧，也没有铁，那时的化学是一门非常乏味的学科。第一批恒星周围也没有行星环绕。在太阳形成之前，可能有几代大质量恒星已经经历了它们的整个生命周期，将远古时的氢转化为生命的基本组成部分，并通过强风或爆炸将它们抛入太空。其中一些原子融入了一个类似于猎户座星云的星际云团，大约45亿年前，一颗新的恒星在那里诞生，它周围被充满尘埃的气体盘包围着，最终形成了太阳系。为什么碳和氧在地球上随处可见，而金和铀却非常罕见呢？答案在太阳形成之前那些爆炸的恒星身上。地球和人类都源自那些古老恒星的灰烬。银河系是一个生态系统，一代代的恒星在不断地循环利用、加工着原子。

太阳系中的碳原子、氧原子和铁原子最初都是在大质量恒星中形成的，这类恒星将自己的碎片抛入太空，形成尘埃云。在45亿年前，太阳系就在这片尘埃云中形成。这些"污染物"（指碳原子、氧原子和铁原子）只占全部物质的2%，氢原子和氦原子仍然占据主导地位。不过，地球上之所以出现重原子比例过高的现象，是因为氢原子和氦原子是挥发性气体，它们已逃离了所有的内行星。同太阳一样，木星这样巨大的行星主要由氢和氦组成。在新生太阳周围的尘埃扁盘中，靠外的部分比较冷，木星就是在这种环境中形成的，它自身的引力足以拉住这些轻原子。

比太阳更古老的恒星应该在银河系遭受这种"污染"之前就已经形成了。因此，与太阳相比，重元素在这些恒星表面上会比较缺乏。恒星具有复杂的光谱，其中每种原子都具有一组独有的特征颜色。例如，街灯中的钠发黄光，而汞蒸汽会发出特有的蓝光。事实上，在最古老的恒星中，所有较重的原子的数量往往比较少，这恰恰为银河系历史的总体格局提供了佐证。相比之下，即使在最古老的恒星中，氦含量也非常丰富，其中的原因可以追溯到"大爆炸"发生后的最初几分钟。我们将在下一章对此展开讨论。

原子核系数：ε=0.007

确定不同原子的比例并意识到"造物主不需要转动 92 个不同的旋钮"是天体物理学的一大胜利。关于原子，仍存在一些不确定的细节性问题，但其本质主要取决于一个数字，那就是将构成原子核的粒子（质子和中子）结合在一起的力的强度。

爱因斯坦著名的质能方程 $E=mc^2$ 告诉我们，质量（m）通过光速（c）与能量（E）相关。因此，光速就有了重要的意义。光速决定了"转换因子"，即告诉我们每千克物质的能量是多少。将质量百分之百转化为能量的唯一方法是，将它与等质量的反物质放在一起。不过，银河系中不存在成块的反物质（对于我们的生存来说，这是幸运的）。仅仅 1 千克反物质所产生的能量就相当于一座大型发电站在 10 年内产生的能量。像汽油这样的普通燃料，甚至 TNT 这样的炸药，释放出的静止质能也只有大约十亿分之一。这些物质的燃烧只涉及化学反应，原子核仍保持不变，只是改变了其电子的轨道和原子之间的联系。然而，核聚变的威力是惊人的，因为它比任何化学爆炸的效能都要高出数百万倍。一个氦原子核的质量是构成它的两个质子和两个中子的总质量的 99.3%。剩下 0.7% 的质量主要以热量的形式释放出去了。因此，太阳的燃料（太阳内核的氢气）在聚变成氦时，将其质量的 0.7%，即 0.007 转化为能量，这个数字就是 ε，它决定了恒星的寿命。从氦到铁的进一步核聚变反应仅多释放 0.001。因此，恒星生命的后期相对短暂，甚至更短，因为在温度更高的恒星内核中，额外的能量会在不可见的情况下被中微子带走。

　　当简单的原子进行核聚变反应时，释放的能量取决于"黏合"原子核的力的大小。这个力不同于我们已经讨论过的两种力——引力和静电力，因为该种力仅在非常短的距离内才起作用，而且只有在原子核的尺度上才有效。我们可以感觉到静电力和引力的力量，但感觉不到这种力。在原子核内部，这种力能将质子和中子牢牢地结合在一起，足以对抗电斥力，否则电斥力会使带正电荷的质子相互分离。物理学家称这种力为"强相互作用力"。

这种强相互作用力支配了微观世界，将氦原子中的质子和较重原子核内的质子牢牢地结合在一起，由此聚变出巨大的能量，为太阳提供持久的热量，这也是人类出现的先决条件。就像威廉·汤姆逊一个世纪前就意识到的那样，如果没有核能，太阳将在大约 1 000 万年内萎缩。由于强相互作用力仅作用于短距离，因此它在较大和较重原子核中的作用力较小。这就是比铁原子核重的原子核变得松弛而不是更紧密的原因。

ε 的调谐

我们虽然知道核力至关重要，但它到底有多重要呢？例如，如果 ε 的取值是 0.006 或 0.008，而不是 0.007，将会发生什么变化呢？初看之下，人们可能会认为这不会带来太大的改变。如果 ε 变小，氢将会变成效率较低的燃料，太阳和恒星就不会存活那么久。这本身并不重要，毕竟，人类已经生活在地球上，而太阳目前的年龄还不到其应有寿命的一半。然而，事实证明，在将氢转化为元素周期表中其余元素的过程中，存在一些微妙的效应，它们对数字 ε 的变化非常敏感。

在这个核反应链中，第一个关键环节（由氢合成氦）相当敏感地取决于原子核的强相互作用力。氦原子核包含两个质子和两个中子，它的形成并不是 4 个粒子一次性叠加形成的，而是通过氘（重氢）这个中间环节分阶段形成的，氘由一个质子和一个中子组成。如果原子核的"黏合"力较弱，则 ε 的取值为 0.006 而不是 0.007，那么质子就不能与中子结合，氘也就不稳定，氦的形成之路就会被堵死。结果便是，我们只会得到一个由氢组成的简单宇宙，其原子由一个质子和一个绕之运转的电子构成。在这个世界，不存在化学反应。恒星仍然可以在这样的宇宙中形成（如果其他一切都保持不变），但它们将不会有核燃料，而是会收缩并冷却，最后变成一堆残骸，不会有爆炸以将碎片抛入太空，因此也就不会形成新的恒星，也不会存在任何能够形成岩石行星的元素。

初看起来，人们可能会从这个推理中猜测，更强大的核力会使核聚变更有效，更有利于生命的存在。然而，如果 ε 大于 0.008，我们也不可能存在，因为不会有氢从"大爆炸"中保存下来。在现实的宇宙中，两个质子之间的相互排斥力非常强烈，以至于如果没有一两个中子的帮助 [①]，原子核内的强相互作用力根本就无法将它们结合在一起。如果 ε 等于 0.008，那么两个质子就可以直接结合在一起，这种现象应该发生在早期宇宙。这样带来的结果便是，普通的恒星中没有氢可供燃烧，水也就不可能存在。

因此，任何具有复杂的化学性质的宇宙都要求 ε 的取值在 0.006 ～ 0.008 之间。某些特殊细节甚至更加敏感。英国理论物理学家弗雷德·霍伊尔（Fred Hoyle）在推算碳和氧在恒星中形成的过程时，偶然发现了"精细调谐"的最著名例证。碳（原子核中有 6 个质子和 6 个中子）是由 3 个氦原子核结合而成的，但同时出现 3 个氦原子核的概率几乎可以忽略不计，因此碳的形成也是分阶段进行的。在与另一个氦原子核结合形成碳之前，这一过程会经历一个中间阶段，即 2 个氦原子核结合形成铍原子核（含有 4 个质子和 4

---

① 中子增加了原子核的"黏性"，但不会产生额外的电斥力，因为它们不带电荷。

个中子），然后再与另一个氦原子核结合形成碳。然而，霍伊尔发现一个问题，这个铍原子核非常不稳定：它很快就会衰变，以至于在它衰变之前，第三个氦原子核出现并黏附在它上面的可能性微乎其微。那么，碳究竟是如何产生的呢？事实证明，碳原子核有一个特性，即与一种特别的能量之间存在"共振"，从而增加了铍原子核在衰变前的短暂时间内与另一个氦原子核结合的可能性。实际上，霍伊尔预言了这种共振的存在，并敦促自己的同事探测这种现象，结果被证明是正确的。原子物理学中的这种"意外"使碳得以形成。然而，在接下来碳捕获另一个氦原子核形成氧的过程中，这种"共振"效应却消失了。事实证明，"共振"对核力的变化非常敏感，即使核力只改变 4%，也将会严重限制碳的生成量。因此，霍伊尔认为，即使 ε 仅有几个百分点的变化，也会危及我们的生存。

无论元素是如何形成的，ε 的变化都会影响元素周期表的长度。如果核力变弱，原子核结合最紧密的元素（现在是 26 号元素铁）的排序将会在元素周期表中降低，稳定元素的数目也将减少到 92 以下。这将导致化学变得比较贫乏。相反，ε 若增大，将会提高重元素的稳定性。

初看之下，由大量不同原子组成的更长的"菜单"似乎开辟了一条道路，可以将我们引向更有趣、更多样的化学世界。然而，事实全非如此。例如，如果英文字母表中包含更多字母，英语语言也不会因此而变得更加丰富。同样，即使只存在几个常用元素，复杂分子照样多种多样，变化无穷。如果没有氧和铁（分别是 8 号和 26 号元素），尤其是大量的碳（6 号元素），化学将会变得枯燥无味，因为生命所必需的任何复杂分子都不会生成。不过，无论是通过增加原本就十分丰富的元素的数目，还是在已有的 92 种稳定的元素之外再增加若干种稳定的元素，这一切都不会对化学有任何助益。

所以，元素的实际组合取决于数字 ε。不过，值得注意的是，假如这个数字是 0.006 或 0.008，而不是 0.007，那么以碳为基础的生物圈就不可能存在。

JUST SIX NUMBERS

05

宇宙栖息地（二）：
超越我们的银河系

最初的质子和氢原子是从哪里来的呢？若想回答这个
问题，我们要回到第一颗恒星诞生之前的时代。

　　望远镜（名词）：一种装置，它与眼睛之间的
关系就像电话之于耳朵，能使远处的物体以大量不
必要的细节折磨我们。

——安布罗斯·比尔斯（Ambrose Bierce）

星系的宇宙

　　我已经介绍了元素周期表中的原子是如何形成的：我们
皆来自恒星的星尘。如果不用这么浪漫的表述，那就是都来
自"核废料"，即能使恒星发光的燃料。原子形成的过程取
决于"核力"的大小，这种力将原子核内的质子和中子黏合
在一起，其大小由宇宙常数 $\varepsilon = 0.007$ 来衡量，这个数字表
示氢聚变成氦时释放的能量比例。那么，最初的质子和氢原

子是从哪里来的呢？这些原始物质又是如何聚集成第一批星系和恒星的呢？若想回答这些问题，我们必须拓展自己的时空视野，放眼银河系以外的领域，回到第一颗恒星诞生之前的时代。在这个过程中，我们将会遇到更多可以描述整个宇宙的数字，人类的出现也依赖于这些数字的精细调谐。

恒星聚集成星系，星系构成了宇宙的基本单位。银河系就是一个典型的星系，其千亿颗恒星主要分布在一个圆盘中，围绕着明亮的内部"核球"运转，相比于平均情况，"核球"里的恒星彼此靠得更近。"核球"正中心潜藏着一个质量为 250 万个太阳质量的黑洞。从银河系中心发出的光大约需要 2.5 万年才能到达地球，而地球到银河系中心的距离则比圆盘半径的一半还远。从太阳的位置来看，圆盘中的其他恒星集中分布在一条横贯天空的玉带中，我们称之为银河。平均而言，恒星围绕银河系中心运行一周（有时被称为"银河年"）需要 1 亿多年。

仙女星系是离银河系最近的太空邻居，距离地球大约有 200 万光年。对于仙女星系中围绕一颗恒星运行的某颗行星上的天文学家来说，银河系看起来就像我们眼中的仙女星系：一个由恒星和气体组成的倾斜圆盘正围绕中心一个"轮毂"运转。借助大型望远镜，我们还可以看到数百万个其他星系。不过，并不是所有的星系都是圆盘状的，另一种重要的类型是所谓的"椭圆星系"。在这类星系中，恒星没有组织成圆盘状，而是聚集在任意的轨道上，而且每一颗恒星都能受到其他所有恒星的引力作用。

星系并不是随意地散布在空间中，大多数都通过引力成团地聚集在一起。我们所在的本星系群的直径达几百万光年，包括银河系、仙女星系以及 34 个较小的星系。不过，这只是最新的统计结果，还有许多暗淡的小成员仍待发现。引力正在以 100 千米每秒的速度将仙女星系拉向银河系，大约 50 亿年后，这两个星系可能会彼此相撞。这样的碰撞事件在宇宙中很"常见"。实际上，在太空深处，许多星系看上去正在经历这样的碰撞。

星系的分布非常广阔和分散，恒星排列得也非常稀疏，因此恒星之间的碰撞极为罕见，在太阳附近明显如此，因为即使最近的恒星，看起来也像一个微弱的光斑。即使两个星系发生碰撞并合并在一起，恒星之间的碰撞概率也极低。当两个星系发生碰撞时，每颗恒星都会受到另一个星系中所有物体的联合引力作用，导致其轨道发生变形，从而使所有恒星最终混合成一个群体，而不再是两个独立的圆盘，这就形成了所谓的椭圆星系。我怀疑大型的椭圆星系就是这样形成的，尽管这个问题仍然存在争议。

宇宙的结构：宇宙网

我们所在的星系群位于室女星系团的边缘。室女星系团是由数百个星系组成的宇宙岛，其中心距离地球约 5 000 万光年。星系群和星系团又会聚合成更大的集群，在这些巨大的集群中，离地球最近且最显著的是所谓的"巨壁"（Great Wall），这是由星系组成的片状集群，距离地球约 2 亿光年。另一种物质集中的集群叫作"巨引源"（Great Attractor），它对银河系和整个室女星系团施加引力，使两者以几百千米每秒的速度向它靠近。

自然界中的许多现象（如山地景观、海岸、树木，血管等）都是"分形"①。分形具有特殊的数学特征：其中一小部

①分形（Fractal）是指具有以非整数维形式充填空间的形态特征。通常被定义为"一个粗糙或零碎的几何形状，可以分成数个部分，且每一部分都（至少近似地）是整体缩小后的形状"，即具有自相似的性质。——译者注

分被放大后与整体具有相似的特征。如果宇宙也是如此：它是星系团套星系团，直到无穷，那么，无论我们对空间的探测范围有多广，以及所研究的样本体积有多大，星系的分布仍然不均匀，并且随着探测范围的增大，我们采样的星系团的规模也会越来越大。然而，宇宙看上去并非如此。借助高分辨率望远镜，我们可以观测到星系的分布范围达数十亿光年。在这样的大尺度空间中，天文学家已经发现了许多像室女星系团和"巨壁"这类星系团，以及星系集群的更多特征。但是，随着探测范围的增大，我们并没有在更大的尺度上发现任何显著的特征，用天文学家罗伯特·科什纳（Robert Kirshner）的话来说，我们到达了"伟大的终点"。一个边长为两亿光年的正方体盒子①足以容纳最大的星系团，成为宇宙的一个"恰如其分的样本"。无论放置在哪里，这样一个盒子都会包含数目大致相同的星系，以统计上相似的方式组成星系团和丝状结构等。星系集群的层次结构不会无限度增大。

因此，宇宙不是一个简单的分形。此外，与望远镜可以探测到的最大距离相比，这个分形的"平滑度"很小。打个比

---

① 我们的可观测范围大约 100 亿光年远，与此相比，这个边长仍然很小。

方，假设你在大海中的一艘船上，周围是复杂的波纹，并且一直延伸到地平线。你的视野所及之处有数量足够多的波纹，因此你可以对它们进行统计研究。即使海面上最大的波纹也比你视野的极限距离小得多，因此你可以将看到的所有波纹分成许多单独的区域，每个区域都大到足以成为适合的样本。然而，陆地风景和海上风景却显著不同：在山地中，一座山峰通常就能填满你的视野，这时你无法像在海面上那样定义出具有平均大小的适合样本。[①]

　　宇宙结构由相当多的层次组成：恒星、星系、星系团和超星系团。在比视野小 1/300 的尺度上，星系密度在不同地方的变化超过了 2 倍；而在更大的尺度上，星系密度的波动很小，即使存在像巨引源那样显著的集群。超星系团就像上述提到的海上引人注目的最长波纹。在第 8 章，我们将会看到这个尺度取决于一个唯一的宇宙常数 Q，而该常数则在宇宙极早期就已经确定下来了，而星系团和超星系团的"胚胎"（大小延伸至数百万光年的结构）可以追溯到整个宇宙尚处于微观尺度的时期。这也许是宇宙的外层空间与微观

---

① 事实上，陆地风景也可以是类分形的。在计算机图形学中，分形数学被用来刻画电影中虚构的风景。

内在空间之间存在的最令人惊讶的联系。

人们起初可能会猜想：宇宙在巨大尺度上的结构与太阳系内局部的栖息地并无联系。银河系的恒星数目究竟是1 000万亿颗，或者仅仅是100万颗，而不是我们观测到的1 000亿颗，这似乎并不重要；银河系所属的星系团含有的星系数目究竟有数百万个，还是仅仅几个，这也无足轻重。过于平滑的宇宙将会了无生趣，因为恒星和星系不会形成，所有物质将会稀疏而无序地分布在太空之中。

这将是第8章的主题。不过现在，我们将注意力放到大尺度上的平滑性的另一个重要作用上：它使我们能够定义宇宙的一般属性，从而使宇宙学的兴起成为可能，包括对星系和星系团的统计等。除了星系和星系团以外，我们还可以思考宇宙的平滑性，就如同我们将地球描述为"圆的"，而不用考虑山脉和海洋深处的复杂地形。然而，如果地球的山脉有几千千米高，而不只有几千米，那么用"基本上是圆的"来描述地球就不可行了。

更重要的是，我们可以提出这样一个有意义的问题：整个宇宙是静态的，还是正在膨胀或坍缩呢？

宇宙膨胀

星系是宇宙的"建筑基石",通过研究它们发出的光,我们可以推断出它们是如何运动的。在一个典型的星系中,数千亿颗恒星中每一颗的亮度太过微弱,无法被单独观测到,而望远镜只能看到许多恒星汇聚在一起的光。不过,我们可以对这些光进行光谱分析。来自单颗恒星的光可以揭示该恒星靠近或远离我们的速度,反复地测量甚至能够捕捉到由绕该恒星运转的行星引起的微小振动。同样,整个星系的光谱揭示了它的移动速度,要么是向我们移动,也就是朝光谱的蓝端移动,要么是远离我们,也就是朝光谱的红端移动。

关于宇宙的一个最重要的事实是,所有遥远星系的光都向光谱的红端移动:它们全都在离我们远去,除了与我们同在一个星系团中的少数几个邻近星系。此外,那些距离我们更遥远的星系,红移①更大。我们似乎处于一个不断膨胀的宇宙中,随着时间的推移,星系团之间的距离将越来越远,它们在空间中的分布也变得越来越稀疏。

---

① 在物理学和天文学领域,红移是指由于某种原因,物体的电磁辐射波长变长的现象,在可见光波段,表现为光谱的谱线朝红端移动了一段距离,即波长变长、频率降低。——编者注

　　红移和距离之间的简单关系被称为"哈勃定律"，这是根据埃德温·哈勃（Edwin Hubble）的名字命名的，他在 1929 年首次提出了这一定律。位于其他星系的观测者也会发现，离他们较遥远的星系也因膨胀而相互远离。这种膨胀是一种广义效应：单个星系（甚至星系团）本身并没有膨胀，而且，范围越小，受膨胀的影响就越小，对太阳系来说就是如此。

　　在图形艺术家莫里茨·柯内里斯·埃舍尔（Maurits Cornelis Escher）所画的《空间立体划分图》这幅画中（图 5-1），假设节点之间的"棒子"以同样的速度伸长，那么任何节点上的观测者都会看到其他节点都在远离他们，远离的速度取决于观测者和节点之间有多少根棒子。换句话说，节点之间的远离速度与它们之间的距离成正比。虽然宇宙中的星系并不是按照比例呈网格状分布，而是组成了星系群或星系团，但你仍然可以对宇宙的膨胀进行这样的设想：星系团都由棒子连在一起，并且都以相同的速率伸长。图中的任何节点都没有什么特殊之处，银河系在宇宙中的位置也是如此（虽然星系是随机分布的，但我们观测它们的时间并不是随机的；我将会在后文阐明原因）。宇宙学之所以取得进展，只是因为宇宙结构在大尺度上是均匀的，所有节点都在以类似的方式膨胀，只需用"哈勃膨胀"就可以进行简单的描述。对于局部区域来说，这种膨胀可以被看作一种多普勒效应，但在大尺度上，当光远离的速度加快并且可与光速相比拟时，红移应该被看作光传播通过的空间的"伸长"。换句话说，光的红移量，即波长被拉长的量，等于宇宙已经膨胀的程度，用埃舍尔的网格来描述就是，棒子也变长了。

图 5-1 埃舍尔的《空间立体划分图》

如果这个网格里的棒子都以同样的速度伸长，节点之间就会相互远离，这符合哈勃定律。不过，这里没有一个节点是特殊的，也不存在中心

　　我们可能想确切地知道，红移是否真的意味着宇宙的膨胀，而不是在长距离上才能发挥作用的新的物理效应。有人时常提及"光疲倦"效应，但目前还没有人能提出与所有事实相一致的可靠理论，例如，这种效应必须使所有颜色的光产生相同的波长变化，而且不会使遥远物体的图像变模糊。与"大爆炸"理论相比，一个不膨胀的宇宙会导致更糟糕的悖论。恒星的能量储备不是取之不竭的，随着不断地演化，它们最终会耗尽燃料。星系也是如此，它们本质上是恒星的聚合体。通过对恒星的演化方式进行理论上的计算，并将银河系和其他星系中最古老恒星的性质同计算结果进行比较，我们就可以确定它们的年龄。最古老的恒星大约有 100 亿年的历史，这与当前的可见宇宙只比这个时间稍微长一点儿的观点完全一致。如果宇宙是静态的，那么在大约 100 亿年前，所有的星系肯定在现在的位置上同步被神秘地"开启"。一个不膨胀的宇宙会带来概念上的令人费解的难题。

　　几乎可以肯定的是，宇宙的膨胀开始于 100 亿～ 150 亿年前，最精确的估计是 120 亿～ 130 亿年前。宇宙的年龄之所以存在这种不确定性，主要有两个原因：一是星系间的距离（不像它们的远离速度）仍然无法得到精确的测量；二是对宇宙年龄的估计依然取决于其膨胀速度。

回顾过去

　　光是以有限的速度进行传播的，所以我们目前看到的遥远区域的情况并不是它们此时的情况，而是很久以前的情况。在更早的时代，宇宙比现在更加紧缩，也就是埃舍尔所画的网格中的棒子比现在更短。埃舍尔的第二幅画《天使与魔鬼》（图 5-2）更好地表示了我们实际看到的情形。

图 5-2　埃舍尔的《天使与魔鬼》

由于光速是有限的，我们所看到的遥远区域属于遥远的过去。
朝地平线望去，一切似乎显得更加紧缩了

　　遥远星系的外观与附近星系的会有所不同，因为遥远星系的光在旅途中经过了很长一段时间，所以当它们发出光时会比被我们看到光时更年轻，演化程度更低，而且在此阶段，并非所有的原始气体都凝聚成了恒星，这个演化过程非常缓慢，只能在数十亿年后才会显现出来。为了搞清楚星系的演化趋势，我们必须探测遥远的星系，研究它们在几十亿年前就已经发出的光。

　　哈勃太空望远镜（以宇宙膨胀的发现者哈勃的名字命名的）在远离大气干扰的地球轨道上运行，它拍摄到了迄今为止最清晰的非常遥远区域的照片。哈勃太空望远镜非常灵敏，即使在不到满月面积 1% 的视野范围内，一次长时间的曝光就可以准确地拍摄到数百个微弱的光点，它们在天空中挤在一起，如果用普通望远镜观察，则显示为一片空白。我认为，哈勃太空望远镜拍摄的这些令人惊叹的照片对公众的影响，不亚于 20 世纪 60 年代从太空拍摄的第一批照片，它们展示了整个地球及其貌似精致的生物圈。该望远镜所拍摄到的星系特征模糊、形状多样，比我们肉眼所能看到的任何恒星都要暗淡得多。不过，它们每一个代表的都是一个完整的星系，大小达数千光年，由于距离我们太远，所以看起来又小又暗。这些星系的外观看起来与附近的星系有所不同，因为我们所看到的是它们形成不久时的情况：此时，它们尚未形成稳定旋转的圆盘结构，成为像大多数天文学书籍中描述的那种旋涡星系。其中一些星系主要由发光的弥散气体组成，尚未分裂成恒星。它们中的大多数比现在的星系更蓝（当然是在红移校正之后），因为当光线离开这些遥远的星系时，本该已经消亡的大质量蓝色恒星仍然在发光。

这些非常深奥的图像向我们揭示了在银河系这样的星系中，第一批恒星发出明亮的光芒时的外观情况。当我们观测仙女星系时，可能会想，仙女星系上是不是也有观测者用更高分辨率的望远镜回望我们呢？也许是。不过在这些非常遥远的星系中，不可能有任何如此"先进"的东西，因为当我们看到对方的星系时，这个星系正处于非常原始的演化阶段，其中许多恒星需要很长一段时间才能完成自己的生命历程；那里尚未出现复杂的化学反应，几乎没有氧、碳之类的元素，更不用说形成行星了。所以，这些星系中出现生命的机会很渺茫。实际上，这些星系正处于铺设行星系统的建筑材料阶段。根据检测，这些星系的光实际上属于远紫外线，这种射线无法用肉眼探测到，也无法穿透地球大气层。然而，当这些星系发出的远紫外线到达我们这里时，已经变成了红光。

　　来自最遥远星系的光都发生了严重的红移现象：光的波长被拉长了 6 倍以上。这就是自光发出以来宇宙必定膨胀的程度。假设膨胀是稳定的，也就是星系的远离速度既不加速也不减速，那么当宇宙是其当前大小的 1/6 时（就星系间的距离而言，埃舍尔网格中的棒子被缩小至 1/6），其年龄就是现在的 1/6。这种说法似乎存在问题：如果光需要当前宇宙年龄的 5/6 的时间才能传回到我们这里，那岂不意味着星系必须以 5 倍于光速的速度远离我们？不过，这并不矛盾。爱因斯坦的狭义相对论告诉我们，当时间由我们的时钟测量时，相对于我们，没有什么能比光速更快。这个理论也告诉我们，高速运动的时钟会变慢。一个时钟的速度如果能达到光速的 98%，那么它记录的每一年实际上可以走 5 光年。

　　然而，实际情况更复杂一些，因为远离的速度不是恒定的。宇宙中所有物体对其他物体施加的引力会导致膨胀速度减慢，结果使宇宙膨胀的早期阶段变得更短。但是，另一种力可能正在使宇宙加速膨胀（在第 7 章，我会对此展开详细解说）。因此，这些遥远的星系到底有多古老，或在空间上距离地球有多远，这个问题仍然存在一些不确定性，最精确的猜测是，当它们发出这些光时，宇宙的年龄大约是现在的 1/10。

　　宇宙学家正在研究过去的"化石"，即古老的恒星以及银河系年轻时合成的化学元素等。在这方面，他们的工作就像地质学家或古生物学家推测地球及其动物群是如何演化的一样。事实上，宇宙学家比那些无法做实验、依赖"历史"证据的科学家更有优势。将望远镜对准遥远的物体，宇宙学家便可以看到他们所声称的演化：遥远的星系在几十亿年前就已经发出光，所以它们的外观看起来与近距离的星系不同。由于宇宙在大尺度上的一致性，其每个部分应该具有相似的历史。因此，至少从统计学的角度来看，这些遥远的星系看起来应该与银河系、仙女星系和其他邻近星系在数十亿年前的外观相似。望远镜的视场是一个细长的圆锥体，并一直延伸到视力极限。不同距离上的天体会告诉我们过去某个特定时期的特征。当我们探测的距离越来越远时，就越能回溯到星系更古老的过去，就如同在南极冰层上连续钻孔可以揭示地球气候的历史。

　　哈勃太空望远镜自诞生之日起，经常出现延迟、误差和成本超支等不利状况，尽管姗姗来迟，但它现在已经实现了天文学家所寄予的希望。1994 年，第一次载人维修任务矫正了其面镜的聚焦偏差，所配置的光探测器也得到升级。除非发生意外，哈勃太空望远镜还会持续工作几十年，届时，更大的太空望远镜可能已经被送入太空。同样重要的一点是，新一代地面大型望远镜已经问世，它们的直径达 8 ～ 10 米，受光面积将是哈勃太空望远镜的 16 倍，可以捕获到更暗和更遥远星系发出的光。夏威夷莫纳克亚山（Mauna Kea）上的两架凯克望远镜（Keck Telescope）是第一批投入使用的新型仪器，目前为止，又有好几架这种望远镜投入使用，其中最令人印象深刻的是巨型望远镜（VLT），它由 4 架望远镜组成，每架望远镜的直径都达 8 米长。这架巨型望远镜位于智利的安第斯山脉，由欧洲的一些国家联合建成。

由于大气湍流的扰动（这与导致星星闪烁的原因相同），这些地面望远镜拍摄到的图像在清晰度上会受到限制。有两种方法可以克服这种限制：一是将两架或更多的望远镜连接在一起，来合成图像；二是通过所谓的"自适应光学"（adaptive optics），即通过不断转动和调整镜面来弥补大气湍流造成的波动，从而克服这一限制。

这些精湛的仪器提供了第一批星系形成时宇宙的快照。实际上，第一批恒星可能形成得更早，并且以比现在的星系还要小的集群的形式存在，但它们的颜色太暗，无法被我们看到。这些集群后来凝聚成更大的集团。气体凝结成恒星的速率就是星系的"代谢速率"。当宇宙的年龄大约是当前的 1/4 时，这种速率似乎达到了顶峰（即使第一束星光出现得更早）。目前正在形成中的明亮的恒星越来越少了，因为"成年"星系中的大多数气体已经用于形成较古老的恒星了。

以上观点至少是大多数宇宙学家所认同的。若想获得更多细节，就需要更多的观测，需要对恒星的形成有更全面的了解。我们的目标是得到一个统一的理论，它不仅要与所有关于星系的已知知识相协调，而且还要将星系早期历史的所有新发现考虑在内。这些新发现涉及早期星系的外观及其聚集成团的方式。当相关数据比较少时，它们可能同时满足几个完全错误的理论，但随着证据越来越多，我们应该"聚焦"于同一幅图景。

> 随着距离的增加，我们关于星系的知识会迅速变少，对更远距离上的宇宙空间所知越来越少，最终到达暗淡光线的边界，也就是望远镜所及的极限。在那里，我们测量阴影，在飘忽不定的测量误差中寻找几乎不存在的界标。不过，搜寻工作会一直继续下去，直到经验的来源枯竭，我们才需要转入沉思的梦想王国。

以上这段话是哈勃于 1936 年出版的经典著作《星云王国》（*The Realm of the Nebulae*）的结束语。最近的进展可能会让哈勃感到高兴，也可能会让他大吃一惊。这一进步归功于以他的名字命名的哈勃太空望远镜和新型的地面巨型望远镜。

在星系形成之前

那么，在任何星系尚未形成之前，宇宙是什么样子的呢？有一种理论认为，万物皆从一个密集的"起点"开始，其最好的证据就是，星际太空并不完全是寒冷的。这股暖流就是"创世的余晖"，其以微波的形式存在。这种波与微波炉里产生热量的电磁波属于同一类型，但强度要小得多，它就是"宇宙微波背景辐射"（cosmic microwave background）。早在 1965 年，科学家首次探测到了这种辐射，这是宇宙学领域自发现宇宙正在膨胀以来取得的最重要的进展。后来的测量证实，宇宙微波背景辐射有一个非常独特的特性：当把它们在不同波长上的强度绘制在图表上时，会形成物理学家所说的"黑体辐射"或者"热辐射"曲线。只有当辐射与其环境达到平衡时，才会得到这样的曲线，比如，恒星内部深处或长时间稳定燃烧的炉膛中就会出现这种情况。如果这种辐射确实是"火球"阶段的遗迹，那正是我们所期待的。在这一阶段，宇宙中的一切都被挤压成炽热、稠密和不透明的状态。当时的场景确实是一个谜，而宇宙微波背景辐射可以帮助我们揭开这个谜。

20世纪90年代，美国国家航空航天局发射了宇宙背景探索者卫星，对宇宙微波背景辐射进行了目前为止最精确的测量。当实验人员报告测量结果时，通常会绘制"误差起伏线"，用以表示不确定性的范围。然而，对于宇宙背景探索者卫星提供的数据来说，这种"起伏线"根本无法显示出来，因为它们的误差起伏曲线比辐射曲线还要细。这项测量任务意义非凡，其精确度达到了万分之一，并且无可置疑地证实，宇宙中的一切，即组成星系的所有的物质，都来自一种比太阳内核还要热的压缩气体。

宇宙目前的平均温度比绝对零度 ① 高 2.7 度，这是极其寒冷的。不过有一点很明确，星际空间仍然包含大量热量，

① 绝对零度是热力学的最低温度，单位是开尔文。绝对零度，也就是 0 开尔文，约等于零下 273.15 摄氏度。——编者注

每立方米空间里包含 4.12 亿个光子。相比之下，宇宙中原子的平均密度仅为每立方米 0.2 个左右。后面的这个数字不太精确，因为我们不确定弥散气体或暗物质中究竟包含了多少原子。宇宙中的光子数和原子数之比约为 20 亿比 1。随着宇宙的膨胀，虽然原子和光子的密度都下降了，但两者都是同比例降低的，因此光子与原子的比率保持不变。由于"热量"与"物质"的比率非常大，因此早期宇宙通常被称为"炽热"的"大爆炸"。

　　宇宙早期的这个炽热阶段没有持续太久。仅过了几分钟，宇宙的温度就超过了 10 亿摄氏度。大约 50 万年后，温度就降到了 3 000 摄氏度，比太阳表面的温度还要低。这标志着膨胀过程中的一个重要阶段：在此之前，一切物质都非常炽热，连电子都脱离了原子核的束缚，自由地移动；但之后，电子减速到足以附着在原子核上，形成中性原子。然而，相比于早期更加炽热状态下的自由电子，这些原子并不能有效地释放出辐射。此后，原始物质变得透明，"云雾"也开始消散。在宇宙的膨胀过程中，温度的高低与宇宙的大小成反比。宇宙背景探索者卫星探测到的微波辐射是早期宇宙的遗迹，那时宇宙中物质的密度比当前的高 1 000 多倍，温度高达 3 000 度而不是 2.7 度，星系也远未形成。原始火球中强烈的辐射虽然被膨胀冷却和稀释了，但仍然充满了整个宇宙。

人们常用"大爆炸"比喻宇宙的膨胀，这实际上是一种误导，因为它传达了"'大爆炸'是在某个特定中心被触发的"这一信息。然而就我们所知，无论在地球上还是在仙女星系，甚至离我们最远的星系上，任何观察者都会看到形式相同的膨胀。虽然宇宙曾经可能被压缩成一个单一的点，但任何人都可以声称自己来自这个起点，所以我们不能将当前宇宙中的任何一处特定位置设定为膨胀开始的原点。

膨胀是由宇宙早期的高压状态"驱动"的，这种观点也是不正确的。爆炸都是由压力不平衡引起的，无论是人类制造的炸弹，还是宇宙中超新星的爆炸，都是因为内部压力剧增，致使碎片向周围低压环境散射。然而在早期宇宙中，各处的压力都是一样的：没有界限，没有"空"的区域。原始气体冷却并扩散，就如同被装在一只膨胀的箱子里。伴随着压力和热能而产生的额外引力实际上减慢了宇宙膨胀的速度。

虽然"大爆炸"理论为宇宙的演化提供了一幅统一的画面，但也留下了一些谜团。最重要的是（因为爆炸的比喻存在缺陷），它根本没有说明宇宙发生膨胀的原因。标准的"大爆炸"理论只是简单地假设，宇宙中含有足够的能量来继续膨胀。我们必须从宇宙的更早期寻找发生膨胀的原因。然而关键的问题是，我们还没有关于那个时期的直接证据，对相关的物理现象也缺乏了解。

20 世纪 50 年代，著名理论物理学家弗雷德·霍伊尔（我们在第 4 章提到过他关于碳的起源的深刻见解）引入了"大爆炸"一词，本意是表达对"大爆炸"理论的嘲讽。霍伊尔更乐意接受一个"恒稳态宇宙"。在这个宇宙中，随着宇宙的膨胀，新的原子和新的星系被想象成不断地在缝隙中形成，因此宇宙的一般性质保持不变。当时，这两种理论都没有任何证据（宇宙学还处于空想的阶段），因为当时人们的观测距离不够远，无法揭示宇宙的演化。不过，一旦有证据表明，宇宙的过去与现在确实存在不同，宇宙恒稳态理论便不再受青睐。这个理论虽然被证明是错的，但仍然是一个"好"理论，因为它做出了非常明确和可验证的预测，这对宇宙学起到了真正的激励作用，促使观察者将自己的技术推向极限。从这个意义上来说，"坏"理论过于灵活，通过自我调整可以解释任何事实。杰出而又傲慢的物理学家沃尔夫冈·泡利（Wolfgang Pauli）曾讽刺说，这种模糊的观点看起来"一点儿都没错"。霍伊尔本人从未完全接受过"大爆炸"理论,而是采纳了一种折中的观点,对此持怀疑态度的同事将其称为"恒稳爆炸"。

"大爆炸"中的核反应

根据"大爆炸"理论,宇宙的温度一开始比恒星的内核还高。那么,为什么在"大爆炸"中,原始的氢原子核没有全部转化成铁原子核呢?请记住,铁原子核比其他任何原子核更坚硬,它们是在最大、最热的恒星内核中形成的。如果真的发生了这种情况,当前的宇宙中就不可能存在长寿的恒星,因为所有燃料都会在早期的火球中消耗殆尽。不过,可能会存在由铁蒸汽组成的恒星,但它会在数百万年而不是数十亿年内坍缩,这个时间段是威廉·汤姆逊推想的太阳的寿命。幸运的是,膨胀的最初几分钟没有足够的时间进行核聚变反应,以将任何原始物质"加工"为铁,甚至都没有足够的时间转化为碳、氧等。核聚变反应将 23% 的氢变成氦,但除了极少量的锂,元素周期表中那些排序更靠前的元素并没有从"大爆炸"中产生。

　　然而，这些原始的氦至关重要，它们为"大爆炸"理论提供了有力佐证。即使在最古老的天体中，氦的含量也达到23%～24%，但其中碳、氧等的含量是太阳中的1/100。在所有已发现的恒星、星系或者星云中，目前尚未发现哪个的氦含量低于这个比例。看起来，星系起初并不是由纯氢组成的，而是由氢和氦的混合物组成。太阳外层的氦含量约为27%，多出的3%～4%都是在短命的早期恒星中形成的，与这些氦同时产生的还有碳、氧和铁，这些元素在短命的恒星爆炸之后，混入了以后将会形成太阳系的星云之中。

　　许多缓慢燃烧的小质量恒星幸存了下来，这类恒星的形成比太阳早了几十亿年，那时我们的星系还很年轻。与太阳相比，这些恒星所含的碳、氧和铁相对于氢的丰度来说要少得多。当然，如果像霍伊尔首先指出的那样，这些元素是从大质量恒星中逃逸出来，并在银河系的演化过程中逐渐积累起来的，那么它们拥有较高的丰度就是很自然的事情。霍伊尔的观点与乔治·伽莫夫（George Gamow）的观点相反，后者认为，整个元素周期表中的元素都是在早期宇宙中被"烹煮"而成的。如果伽莫夫的观点是对的，这些元素在第一代恒星和星系出现之前便已经存在了，那么它们的丰度在任何地方都是相同的，无论是在年轻的还是年老的恒星上。

据计算，氦是"大爆炸"中唯一大量产生的元素。这个结论是令人满意的，因为它解释了宇宙中为什么会有这么多的氦，并且它的丰度为什么如此均匀。因此，将氦的形成归因于"大爆炸"，既解决了这个长期存在的问题，也鼓励宇宙学家对宇宙历史的最初几秒进行更认真的探索。

此外，"大爆炸"还解释了另一种原子的产生，它就是氘原子（也被称为"重氢"）。氘原子不仅含有一个质子，而且还含有一个中子，中子增加了原子核的质量但没有增加电荷。从另一个角度来看，氘的存在仍然是一个谜，因为在恒星中，它是被破坏而非被创造的：作为核燃料，它比普通的氢更容易"点燃"，因此新形成的恒星在其初始收缩过程中就会将氘燃烧殆尽，不会使其留存到稳定而漫长的氢原子核反应阶段。

氦和氘是在原始宇宙高达30亿摄氏度的温度下生成的，这个温度约为当前宇宙温度的10亿倍。当宇宙膨胀时，埃舍尔所绘的网格中的棒子会不断变长（见图5-1）。随着棒子的变长，辐射的波长也会变长，温度则随之成比例下降。这就意味着，当宇宙的温度是30亿摄氏度时，棒子的长度将是现在的$1/10^9$，密度高出的倍数则是这个倍数的立方，

即高出 10^{27} 倍。然而，当前宇宙中物质的分布非常分散，每立方米约有 0.2 个原子，即使将其压缩 10 亿倍，其密度仍然小于空气的密度。实验室中的研究人员可以检测出：当氦原子核形成时，氢原子核和氦原子核以其所具有的能量相互碰撞后会出现什么结果。因此，有关计算都是基于非常合理和坚实的物理学之上的。

假设当前宇宙的密度为每立方米 0.2 个原子，由此计算宇宙"火球"冷却过程中所产生的氢、氦和氘的比例，则计算得出的结果与观察结果一致。这是一个令人满意的结果，因为大量观测结果可能完全与任何"大爆炸"模型所做的预测不相符；或者它们即使相符，也只是对比观测到的密度范围更低或者更高的情况而言的。正如我们所看到的，每立方米 0.2 个原子的密度确实接近当前宇宙中星系和气体的平滑密度。这对"暗物质"而言具有重要意义，我们将在下一章对此展开讨论。

JUST
SIX
NUMBERS

06
精心调谐的膨胀:
暗物质和 Ω

宇宙会永远膨胀下去吗?遥远的星系会离我们越来越
远吗?或者这一切会逆向而行,整个宇宙最终重新坍
缩成一个"大裂口"?

永恒是很长的，尤其越到后面越长。

——伍迪·艾伦（Woody Allen）

临界密度

大约 50 亿年后，太阳将会死亡，地球也会随之消亡。大约与此同时（误差不超过 10 亿年），仙女星系会坠入银河系。仙女星系是离我们最近的大星系邻居，与银河系属于同一星系群，它实际上一直在朝我们坠落。

这些预测是可靠的，因为它们基于这样一种假设：在未来50亿年里，太阳内部的基本物理规律，以及恒星和星系之间的引力，都会像过去的5亿～100亿年一样起作用。然而除此之外，我们再无法预测到更多有趣的细节。我们不能确定，在未来50亿年里，地球是否仍然是离太阳最近的第三颗行星，即使行星轨道在这段时间内发生"混乱"。地球表面的变化更难预测，特别是由我们自己造成的地球生物圈越来越快的变化，即使在上述时间的百万分之一的时间跨度内，我们也无法作出可靠的预测。

目前，太阳还没有燃烧掉一半的燃料，它所剩的时间比过去整个生物进化过程所花的时间要长。银河系的寿命将远远超过太阳。即使现在生命是地球独有的现象，但它也有足够的时间在银河系内外蔓延。生命和智慧可能最终会影响恒星，甚至星系。在这里，我不想对此做进一步的推测，不是因为这条思路是荒谬的，而是因为它会引出各种各样的场景，类似于科幻小说中的场景，以至于我们什么也预测不了。相比之下，对整个宇宙的长期预测则更为可靠。

五六十亿年之后，银河系肯定会在一次大碰撞中毁灭。但宇宙会在之后继续膨胀下去吗？遥远的星系会离我们越来越远吗？或者这一切会逆向而行，整个宇宙最终重新坍缩成一个"大裂口"？

这些问题的答案取决于引力和膨胀能量之间的"竞争"。假设一颗巨大的小行星或行星爆炸成碎片，如果碎片散开得足够快，就会永远逃逸出去，但如果爆炸不那么剧烈，引力可能会逆转碎片的运动，使其重新组合在一起。宇宙中任何大领域的爆炸都与此类似。当前，我们已经估算出了宇宙的膨胀速度。那么，引力会让膨胀停止吗？答案取决于有多少物质在施加引力。如果密度超过特定的临界值，宇宙将停止膨胀，重新坍缩，除非有其他力量介入。

我们很容易就能计算出临界密度，大约相当于每立方米有5个原子。这似乎并不多，事实上，它更接近于一个绝对的真空，地球上的实验人员从未做到过这种程度的真空。实际上，宇宙似乎变得更空了。

假设用橙子代表太阳，那么地球就相当于一颗1毫米大的颗粒，在20米外绕橙子运转。按照同样的比例，离地球最近的恒星在一万千米之外。由此可以看出，像银河系这样的星系中的物质分布是多么稀疏。恒星一般都集中在星系当中，如果将所有星系中的所有恒星都分散到星际空间，那么每颗恒星与其最近邻居之间的距离将比一般星系中的实际距离大数百倍，根据上述提到的比例模型，每个橙子离其最近的邻居有几百万千米远。

如果所有的恒星都被分解，并且其原子均匀地分布在宇宙中，那么每 10 立方米空间中就会有 1 个原子。另外，在星系之间还散布着以弥散气体的形式存在的同等数量的物质（似乎不会比这更多），这就相当于每立方米空间中有 0.2 个原子，是临界密度的 1/25。一旦超过这个临界密度，引力会使宇宙停止膨胀。

有多少暗物质

实际密度与临界密度之间的比率是一个至关重要的数字，宇宙学家用希腊字母 Ω 来表示。宇宙的命运取决于 Ω 是否超过 1。初看之下，我们对宇宙中原子平均密度的估计 Ω 仅为 0.04，与临界密度相差很大。这意味着地球将会永远膨胀下去。不过，我们不应过早得出这样的结论。在过去的 20 年里，我们逐渐发现宇宙中的物质比我们实际看到的要多得多，这些看不见的物质主要由未知性质的"暗物质"

组成。宇宙中的许多发光物体，比如星系、恒星和发光的气体云，只占实际存在物质的一小部分，而且不具代表性。这与下述情形非常相似：地球上空最明显的物质是云状物，但实际上，这些都是稀薄的蒸汽漂浮在密度比它们更大的清澈的空气中。宇宙中的大部分物质，也就是数字 Ω 的主要贡献者，既不发光，也不会发射红外线、无线电波或任何类型的辐射，因此很难被探测到。

当前，关于暗物质存在的证据日益增多，几乎都无可争议。恒星和星系的运动方式表明，肯定存在某些看不见的物质对它们施加了引力。当我们发现一颗恒星围绕着一颗看不见的伴星旋转时，便可以推断出黑洞的存在。19 世纪，人们据此推断出了海王星的存在，当时天王星的轨道出现了偏离，表明它受到了更遥远的看不见的物体的引力牵引，由此发现了海王星。

在太阳系中，促使行星向太阳坠落的引力和轨道运动的离心效应之间存在着一种平衡。同样，在整个星系的更大尺度上，引力效应和运动的离心效应之间也存在着一种平衡，引力往往会将所有物质都拉向中心，而运动的离心效应会使组成星系的恒星四处飞散（如果引力不起作用的话）。我们之所以推断出存在暗物质，是因为我们所观测到的天体的运动速度快得惊人，仅靠所看到的恒星和气体的引力是无法平衡的。

我们已经测量出了太阳围绕银河系的"轮毂"运转的速度，以及其他星系中恒星和气体云的运转速度。这些测量结果表明，它们的运转速度快得令人匪夷所思，特别是那些围绕着大多数恒星运行的"离群区域"的速度。如果最外层的气体和恒星受到的只是我们所看到的物质的引力，那么它们早应该逃逸出去了，就如同如果海王星和冥王星像地球一样快速运动，就会逃离太阳的引力束缚。这些观测结果告诉我们，大星系周围必定存在一种大质量且看不见的巨大光晕，这就如同，如果冥王星的公转速度变得和地球一样快，但仍然保持在轨道上，而不是逃逸，我们便由此可推断出，地球轨道和冥王星轨道之间存在一个重而不可见的壳。

由上述可知，如果宇宙中没有大量的暗物质，星系就不稳定，会四处飞散。人们经常以美丽的圆盘或旋涡来比喻星系，但这些画面仅仅描绘了发光物质，而它们被大量不可见、性质完全未知的物质的引力控制着。星系远比我们过去想象的大和重 10 倍。这个结论也适用于更大尺度上的整个星系团，其直径都达到数百万光年。若想将所有星系团结合在一起，则提供的引力大约是我们实际看到的物质的10倍。

不过，关于暗物质的推论背后有一个假设，即我们能计算出所看到的物质的引力大小。与光速相比，星系和星系团内部的运动是缓慢的，不存在"相对论性"的复杂性。因此，我们可以通过牛顿的平方反比定律得出，如果你离任何物体的距离增加2倍，那么受到的引力就会减弱至1/4。一些怀疑论者提醒我们，这一定律只在太阳系中得到了验证，将其应用于一亿倍大的尺度上缺乏足够的可信度。事实上，我们已经发现了诱人的线索，在整个宇宙的尺度上，引力可能会被另一种力战胜，这种力起排斥作用而非吸引作用（详见第10章）。

我们应该重新评估对引力的看法。如果施加在远距离物体上的引力比我们根据平方反比定律得出的要大，比如2倍距离上的物体所受到的引力减弱为1/4，那么我们就需要重新思考是否存在暗物质。但是，我们不应该如此轻易地放弃引力理论。如果暗物质没有其他可能的候选者，我们可能会忍不住放弃。不过，我们似乎有许多选择。在我看来，只有当所有的候选者都可以被排除时，我们才应该准备抛弃牛顿和爱因斯坦的理论。

事实上，其他一些迹象也表明存在大量暗物质。所有具有引力的物质都会使光线发生偏移，无论是发光的还是"暗的"。因此，通过测量光线经过这些物质时其路径偏移的程度，我们就可以称出星系团的质量。1919 年，阿瑟·爱丁顿等人在日全食期间观测到的星光在太阳引力下发生了偏移，为相对论提供了早期验证，这使爱因斯坦在世界上声名鹊起。哈勃太空望远镜拍摄的一些远在 10 亿光年之外的壮观的星系团照片，显示出了许多微弱的条纹和弧线，实际上，它们都是一些遥远的星系，比星系团本身的距离要远好几倍；而星系团的外观是弯弯曲曲的，就好像是通过扭曲的镜头看到的似的。星系团就像一个"透镜"，可以聚焦穿过它的光线，就如同背景墙纸上的常规图案在一块曲面玻璃上看起来是条纹状和扭曲的。就算将星系团中可见的星系全部加在一起，都不足以产生如此大的扭曲。若想光线发生如此大的弯曲，并在背景星系的图像中造成明显的扭曲，该星系团的质量必须比我们看到的大 10 倍。这些巨大的天然透镜给了那些对星系的演化感兴趣的天文学家意外惊喜，因为它们将非常遥远的星系带入了人们的视野，原本这些星系因为太暗而无法被看到。

据推测，暗物质的数量是我们所看到的物质的 10 倍左右，是宇宙中引力的主要来源。对此，我们不必感到惊讶。暗物质本身并没有那么令人难以置信：为什么宇宙中的一切物质就应该是发光的，不能是暗淡无光的呢？我们的挑战在于如何缩小候选者的范围。

暗物质是什么样子的

综上所述，暗物质是不发光的，我们探测不到它们的任何一种辐射，它们也不吸收或者散射光。这意味着它们不是由尘埃组成的。银河系中存在一些可以形成星云的尘埃，就类似于那些形成烟草烟雾的微小颗粒。当光穿过星云时，就会被其中一些尘埃散射，使光的强度减弱。如果这些颗粒累积起来的质量足以构成所有的暗物质，那么任何遥远的恒星都会被它们挡在视线之外。

小而暗的恒星最易被当成暗物质。质量低于太阳质量 8% 的恒星被称为"褐矮星"，它们不会因为被压缩而热到引起核聚变反应，只会像普通恒星那样发光。宇宙中确实存在褐矮星，它们中的一些是在寻找围绕较亮恒星运行的行星时无意间被发现的，另一些，特别是附近的褐矮星则是通过探测它们发出的非常微弱的红光被发现的。那么，宇宙中一共有多少颗褐矮星呢？这个问题很难从理论上回答。大恒星和小恒星数目的比例是由非常复杂的过程决定的，而我们目前还不了解该过程。当星云凝结成恒星群时会发生什么呢？即使最强大的计算机也无法告诉我们真相。出于相同的原因，准确地预测天气预报也非常困难。

　　单个褐矮星可以借助引力透镜效应来发现。如果一颗褐矮星从一颗明亮的恒星旁边经过，那么褐矮星的引力就会使光线聚焦，使这颗恒星看起来被放大了，并发生明显的变亮或变暗。但这需要非常精确的瞄准，所以即使有足够多的褐矮星组成银河系的所有暗物质，这样的事件也非常罕见。然而，天文学家已经对这些"微透镜"效应①进行了雄心勃勃的搜索。数以百万计的恒星被反复监测，以找出那些每晚亮度都会发生变化的恒星。不过，恒星的亮度发生变化的原因

---

① 之所以被称为"微透镜"效应，是为了跟之前提到的整个星系群的引力透镜效应进行区分。

有很多，有些因为存在脉冲，有些因为发生了耀斑，有些则因为围绕双星轨道运行。到目前为止，这项搜索任务已经发现了成千上万颗这样的恒星，一些天文学家对此很感兴趣，尽管搜索微透镜效应是一项非常复杂的工作。人们偶尔会发现有些恒星的亮度发生了明显的变化，当一个看不见的天体从这些恒星的前面穿过并聚焦它们的光线时，就会出现这种情况。目前我们还没有足够多的此类事件来证明存在一个新的"褐矮星种群"，也不清楚从较亮的恒星面前经过的普通暗淡恒星是否足够普遍，足以解释所记录的这些事件。

除了褐矮星，还有几种天体也有可能是暗物质。例如，在星际空间中穿行的"冷行星"，它们不依附于任何恒星，可能大量存在却没有被发现；再比如彗星状的冻结氢团；黑洞也可能是暗物质。

奇异粒子的实例

有人怀疑，褐矮星或彗星（甚至黑洞，如果它们是死恒星的残留物的话）有可能只是暗物质的一个很小的组成部分。因为我们有充足的理由怀疑暗物质根本就不是由普通原子构成的，这个结论源自氘元素（重氢）。

正如上一章所提到的，我们观测到的所有氘元素都是在"大爆炸"中产生的，而不是产生于恒星。截至目前，我们还不确定宇宙中氘元素的实际丰度。不过，天文学家从遥远星系接收到的光中探测到了氘的光谱印记，并将它与普通的氢区别开来。这项成果完全得益于口径为 10 米的新型望远镜的聚光能力。根据测量结果，氘的丰度非常低——5 万个原子中只有 1 个氘原子。这个比例应该是从"大爆炸"中产生的，其大小取决于宇宙的密度。如果每立方米空间中有 0.2 个氢原子，那么观测结果就与理论相符。这与发光物质中原子（一半在星系中，另一半在星际之间的气体中）的实际数量相当吻合，但这样就剩下不了多少去构成暗物质了。

如果有足够多的原子组成所有的暗物质——这意味着至少比我们实际看到的物质多 5 倍（或许 10 倍），就会打破与理论的一致性。然而，根据"大爆炸"模型预测的结果，氘的丰度甚至比我们实际观测到的还要低，而氦的丰度却比实际观测到的要高。宇宙中氘的起源将成为一个谜。这告诉我们一件非常重要的事情：宇宙中原子的密度为 0.2 个每立方米空间，只占临界密度的 4%，而占主导地位的暗物质是由某种在核反应中具有惰性性质的物质构成的。这意味着，一种根本不是由普通原子构成的奇异粒子对数字 Ω 起着主要作用。

　　难以捉摸的中微子可以作为异常粒子的候选者之一。中微子不带电流，几乎不与普通原子发生作用：所有撞击地球的中微子都会直接穿过地球。在"大爆炸"发生后的第一秒，宇宙的温度超过了 100 亿摄氏度，所有的物质都浓缩在一起，以至于将光子（辐射的量子）转换成中微子的反应很快达到平衡。因此，从宇宙"火球"中产生的中微子的数量应该与光子的数量有关联。人们可以根据标准且无争议的物理学计算出，中微子的数量是光子数量的 3/11。在"大爆炸"遗留下来的宇宙微波背景辐射中，每立方米空间中有 4.12 亿个光子。宇宙中有三种不同类型的中微子，在每立方厘米的空间中，每种中微子的数目都应该为 113 个，换句话说，宇宙中原子与中微子的数量之比为一比数亿。当然，在暗物质的组成中，三种中微子中质量最大的一种最为重要。

　　由于中微子的数量远远超过原子，所以即使它们的质量只有原子的一亿分之一，也极有可能成为占主导地位的暗物质。20 世纪 80 年代之前，几乎所有人都认为，中微子是"零静止质量"的粒子。因此，中微子将会携带能量以光速运动，但它们的引力效应并不明显；同样，早期宇宙遗留下来的光子，即现在被检测到的宇宙微波背景辐射，也不会产生任何显著的引力效应。然而事实证明，中微子可能拥有质量，即使质量非常小。

中微子拥有质量的最佳例证来自在日本神冈的实验。该实验在一个废弃的锌矿的巨大水槽里进行。实验人员测量了来自太阳的中微子（中微子是太阳内核核反应的副产品），以及其他由撞击地球高层大气的高速粒子（宇宙射线）产生的中微子。这些实验表明，中微子质量非零。但是由于它们的质量太小，不足以说明它们对暗物质的重要性。然而，这却是关于中微子本身的一个重要发现。初看之下，它们似乎使微观世界变得更加复杂，但其质量非零的发现可能为中微子和其他粒子之间存在的联系提供额外的线索。

虽然我们还不知道中微子的确切质量，但至少知道中微子是确实存在的。此外，科学家之前假设的一长串粒子也可能真实存在，如果真是如此，它们从"大爆炸"中遗留下来的数量足以在数字 Ω 中占主导地位。到目前为止，还没有令人信服的证据证明，这些粒子的质量到底有多大，最佳猜测是氢原子的 100 倍。如果有足够多这样的粒子构成银河系中所有的暗物质，那么在太阳附近，每立方米空间中就会有几千个这样的粒子，它们的移动速度与银河系中恒星的平均速度大致相同，可能是 300 千米每秒。

这些粒子的质量虽然很大，但呈电中性。一般来说，这些粒子会像中微子一样直接穿过地球。不过，一小部分粒子在穿过物质时有可能会与该物质中的某个原子相互作用。即使每个人体内都有约 10^{29} 个原子，每天也只会发生几次这样的碰撞。显然，我们自己什么也感觉不到。然而，当这种碰撞发生在硅或类似的物质中时，我们可以通过非常精确的实验探测到微小的"冲击"或反冲。探测器必须冷却到非常低的温度，并放置在地下深处。例如，这些探测器被设置在英国约克郡的一个矿井中和意大利山下的一个隧道中，以避免其他活动淹没暗物质碰撞时所发出的可信赖的信号，造成干扰。

一部分物理学家已经接受了这种"地下天文学"的挑战。虽然这是一项精细且乏味的工作，但如果他们真的取得了成功，不仅会发现宇宙的主要组成成分，而且作为奖励，还会发现一种重要的新粒子。不过，只有极端的乐观主义者才会将赌注压在成功上，因为目前我们还没有理论能说明暗物质粒子是什么，因此很难以最佳方式集中搜索。

此外，人们也提出了许多其他想法。一些理论物理学家更偏爱一种更轻的粒子，叫作轴子（axion）。其他人则怀疑，暗物质粒子可能比目前正在搜寻的那些粒子重 10 亿倍，如果真是如此，粒子的数量将减少至 $1/10^9$，这使探测工作更加困难。或者，这些粒子可能更加奇特，例如，可能是在早期宇宙的极端高压下形成的原子大小的黑洞。

缩小选择范围

暗物质的一些可能选项是可以被排除的。目前，科学家正在通过各种技术竭力寻找其他可能的候选者。引力微透镜效应可以探测到暗恒星或黑洞，矿井底部的实验人员有可能会发现一些正在穿过银河系的新型粒子。有时消极的结果也具有重要意义，因为它们至少可以排除一些可能的选项。

暗物质可能有几种不同的类型。如果宇宙中不存在褐矮星和黑洞，那将会非常令人惊讶。不过，奇异粒子存在的可能性似乎更大，因为从氦得到的证据表明，大多数暗物质不是由普通原子组成的。

　　令人尴尬的是，宇宙中超过 90% 的物质仍未得到解释。更糟糕的是，组成暗物质的粒子的质量可能在 10^{-33} 克（中微子）到 10^{39} 克（重黑洞）的范围内，其不确定性高达 10^{70}。这一关键问题也许可以通过三种途径得到解决。

- 构成暗物质的实体可以被直接探测到。褐矮星会使恒星产生引力透镜效应。如果银河系中的暗物质是一簇粒子，那么其中一些就可能会被地下深处那些勇敢的实验人员探测到。我很乐观地认为，如果在 5 年后写这本书，我也许就能说清楚暗物质是什么。

- 实验人员和理论物理学家一直在向我们揭示中微子的更多信息。中微子的质量足以使其成为暗物质的重要组成成分（尽管现在看来并非如此）。当我们能更好地理解极端高能和高密度状态下的物理过程时，就能知道曾经还存在过哪些类型的粒子，并且能够推断出这些粒子是如何从宇宙诞生的第一毫秒内留存下来的，就如同我们现在能够确切地知道从宇宙的最初三分钟中留存下来的氦和氘的含量。

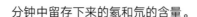 暗物质支配着星系。星系是何时和如何形成的，以及它们是如何聚合的，这些主要取决于其引力的主导部分是什么，以及它们在宇宙膨胀过程中如何起作用。我们可以对暗物质作出不同的预测，然后计算出每种预测的结果，看看哪种结果最接近我们实际观察到的结果。这样的计算可以为暗物质是什么提供间接的线索（我将在第 8 章对此展开详述）。

为什么是物质而不是反物质

我们还不知道极早期宇宙中究竟存在过哪些类型的粒子，也不知道有多少粒子留存了下来。如果事实真像我认为的那样，对 Ω 贡献最大的是一些新型粒子，那么我们对宇宙的态度不得不再谦虚一些。我们已经习惯了哥白尼之后的观点，知道地球在宇宙中并没有占据特殊的中心地位，而现在，我们也必须放弃"粒子沙文主义"。组成我们身体和所有可见恒星和星系的原子只占整个宇宙组成的很小一部分，宇宙在大尺度上是由一些完全不同且不可见的物质控制的，我们看到的只是浪尖上的白色泡沫，而非巨浪本身。我们必须将整个宇宙栖息地看作一片漆黑之地，主要的组成成分是未知物质。

普通原子似乎只占宇宙组成部分的"少数"，并且淹没在从"大爆炸"最初瞬间留存下来的完全不同的粒子之中。然而，更令人费解的是：为什么会有原子？宇宙为什么不全是由暗物质组成的呢？

每一种粒子都有相应的反粒子。比如，质子（由三个所谓的"夸克"组成）的反粒子是反质子（由三个反夸克组成），电子的反粒子是正电子。反粒子与普通粒子相遇时会发生湮灭，它们的能量（mc^2）转化为辐射。不过，地球内部和表面不存在大量的反粒子。当粒子在加速器里以足够高的能量相互碰撞时，可以产生微量额外的粒子－反粒子对。反物质是理想的火箭燃料。当它们湮灭时，就会释放出全部的静止质能，相比之下，通过核聚变反应来提供能量的火箭的质能转化率只有 $\varepsilon=0.007$。反物质只有在与普通物质"隔离"的情况下才能生存，否则，它们就会相互湮灭，并释放出强烈的伽马射线。我们可以肯定的是，整个银河系，包括其中所有的恒星和气体，都是物质，而非反物质：其全部物质不断地被恒星的诞生和死亡搅拌和循环利用，如果它当初有一半物质和一半反物质，那么现在的一切将不复存在。然而，在更大的尺度上，这种混合也许不太有效，例如，我们无法反驳这样的推想："超星系团"是由物质和反物质相间组成的。那么，为什么宇宙在表面上会表现出对一种物质的偏爱呢？

目前的可见宇宙中有 10^{78} 个原子（占比最多的是氢原子，每个氢原子由一个质子和一个电子组成），但似乎并不存在这么多的反原子。人们可能会推想，最简单的宇宙在刚开始时，拥有等量的粒子和反粒子。所幸的是，宇宙并不是这样的。否则，在早期的高密度阶段，所有的质子已经和反质子相互湮灭了，宇宙中将充满辐射和暗物质，而不会有原子、恒星和星系。

为什么会出现这样的不对称现象呢？宇宙中超出的 10^{78} 个原子可能从一开始就存在，但将这么大的数字简单地作为"初始条件"的一部分，似乎不太合理。俄罗斯物理学家安德烈·萨哈罗夫（Andrei Sakharov）最为人所知的成就是在研制氢弹方面的贡献，不过他在宇宙学上也提出了一些有先见之明的观点。1967 年，他研究了宇宙在"大爆炸"后的冷却过程中是否出现了一种轻微的不对称，使粒子超过它们的反粒子。这种失衡能够使夸克的数量稍微超出反夸克的数量，从而使质子的数量超过反质子的数量。

根据萨哈罗夫的观点，我们必须放弃物质和反物质的行为之间的完美对称关系。1964 年，美国物理学家詹姆斯·克罗宁（James Cronin）和瓦尔·菲奇（Val Fitch）发现了这种效应，引起了巨大轰动。当时，他们正在研究一种叫作 K° 的不稳定粒子的衰变，最终发现这种粒子和其反粒子之间并非完美地呈镜像对称，而是以略微不同的速率进行衰变；在支配衰变的规律中，也存在一些轻微的不对称性。这意味着，如果我们能与一位"外星"物理学家取得联系，他可以报告在另一个星系所做的实验，这样我们就能够判断出这位物理学家是由物质还是反物质组成的，这是在确定接头地点之前必须谨慎地搞清楚的。K° 的衰变只涉及所谓的弱相互作用力（支配放射性和中微子的力），而不涉及强相互作用力。然而，在一种关于力的统一理论中，这种不对称性会从一种力"传递"到另一种力上。这为萨哈罗夫的理论提供了基础。

假设这种不对称在每 10 亿对夸克 - 反夸克中会导致产生一个额外的夸克。随着宇宙的冷却，反夸克将会全部被夸克湮灭，最终释放出光子。现在，这种辐射已经冷却到非常低的温度，构成了弥漫于星际空间的温度达 2.7 开尔文的宇宙微波背景辐射。

然而，每有 10 亿个夸克被反夸克湮灭时，就会有一个夸克存活下来，因为它找不到一个可以相互湮灭的伙伴。事实上，宇宙中光子的数量是质子的 10 亿多倍（每立方米空间中有 4.12 亿个光子，而只有 0.2 个质子）。因此，宇宙中的所有原子都可能产生于有利于物质而不是反物质的微小偏差。我们以及周围的可见宇宙之所以存在，可能仅仅是因为夸克和反夸克的数量在个位数上的差别。

当前可见宇宙之所以包含原子而非反原子，是因为宇宙非常早期的某个阶段存在一种占主导地位的轻微"偏向"。当然，这意味着，当质子或其组成成分夸克有时出现或消失时，反质子不会发生同样的现象。这与净电荷形成鲜明的对比：净电荷是完全守恒的，所以如果宇宙一开始不带电荷，那么正电荷和负电荷之间永远会精确地互相抵消。

尽管原子的衰变速度低得令人难以置信，但原子并不会永远存在。对原子寿命的最佳预测是 10^{35} 年左右，这意味着，在一个装有 1 000 吨水的容器中，平均每年将会有 1

个原子发生衰变。地下实验室中用来捕获中微子的水箱就具有同样的大小，尽管实验无法达到这种灵敏度，但它已经告诉我们，中微子的寿命至少为 10^{33} 年。

在遥远的将来，所有的恒星都会变成寒冷的白矮星、中子星或黑洞，而白矮星和中子星本身会随着组成原子的衰变而逐渐被侵蚀，进而消亡。如果这种侵蚀一直持续 10^{35} 年，这么漫长的衰变所产生的热量将使每颗恒星产生辐射，其能量相当于一台家用电热器的热量。在遥远的将来，当所有的恒星都耗尽它们的核能时，这些微弱的辐射体将成为宇宙中主要的热量来源，除了恒星碰撞时偶尔产生的火光。

初始膨胀的调谐

Ω 的值不是正好等于 1，但现在至少是 0.3。初看起来，这似乎并不是精细调谐的结果。然而，这意味着 Ω 在宇宙早期确实非常接近均衡值 1。这是因为，除非膨胀能和引力能刚好精确地平衡 ①，否则这两个能量之间的差距就会不断

---

① 在这种情况下，Ω 完全等于 1，并保持如此。

增大。一方面，在早期宇宙中，如果 Ω 一开始就稍微小于均衡值 1，那么动能最终会占据主导地位（这样 Ω 就变得非常小）；另一方面，如果 Ω 远远超过均衡值 1，那么引力很快就会占据上风，从而使宇宙停止膨胀。

当前可见宇宙"演化轨迹"的各种可能性如图 6-1 所示，这个范围与从暗物质研究中得出的 Ω 的当前值的结论一致。该图还描绘了其他类型的宇宙，而这些宇宙中是不可能演化出我们所知道的生命形式的。这就引发了一个基本的谜题：为什么在 100 亿年后，宇宙仍然以与均衡值 1 相差不大的 Ω 值膨胀呢？

正如我们在上一章中看到的那样，我们有很好的理论基础来反推出宇宙出现后一秒钟内的情况，当时的温度正好是 100 亿摄氏度。假设你正在"建造"当时的宇宙，这个宇宙的演化轨迹将取决于它最初所获得的动力。一方面，如果该动力使宇宙启动得太快，那么从很早开始，膨胀能量就会占据主导地位，换句话说，Ω 将变得非常小，星系和恒星将永远无法通过引力聚集并收缩形成，宇宙将会永远膨胀下去，但永远无法进化出生命。另一方面，膨胀的速度也不能太慢，否则会造成宇宙大坍缩。

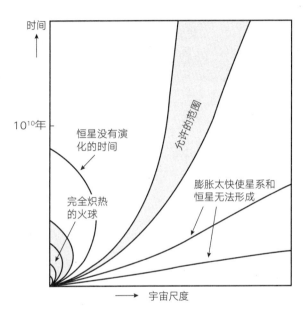

图6-1 宇宙"演化轨迹"的各种可能性

此图展示了宇宙各种可能的演化轨迹。尽管当前 Ω 的值仍然不确定，但为了确保宇宙最终在允许的范围内，必须对初始条件进行非常精确的调谐。如果没有这种调谐，膨胀要么太快，星系无法形成；要么太慢，以至于宇宙在没来得及进行任何有趣的演化之前就坍缩了。在第9章，我将会对这种调谐进行详细的解释

　　任何紧急出现的复杂现象都必须以密度和温度的不均匀性为基础，例如，地球生物圈通过吸收太阳的热辐射获得能

量，然后再将其重新释放到寒冷的星际空间之中。因此，如果我们在定义生命时，放弃最轻微程度的人类中心主义，就可以得出这样的结论：在任何生命开始之前，宇宙必须膨胀到摆脱原始火球的状态，并且至少冷却到 3 000 摄氏度以下。如果初始膨胀速度太慢，这样的情况就不会发生，生命也就没有出现的机会。

从这个角度来看，宇宙是由一种非常精准的推动力引发的，它正好能够平衡引力的减速趋势。这一点令人感到惊讶，这就如同你坐在井底向上扔了一块石头，它正好落在井口处。这种惊人的精确度意味着，在宇宙"大爆炸"后的一秒钟，Ω 与均衡值 1 的差别不能超过千万亿分之一（10^{-15}），只有这样，在 100 亿年以后的今天，宇宙才能仍然处于膨胀之中，并且 Ω 的值肯定从未与均衡值 1 相差太远。

我们已经指出，任何复杂的宇宙必须包含一个大数 N，它表示引力的强弱程度，同时还必须具有一个适当的 ε 值，以确保核聚变和化学反应的进行。不过，这些条件虽然是必要条件，但不是充分条件。只有当宇宙具有一个"精细调谐"的膨胀速度时，才能为这些过程的展开提供舞台。因此，Ω 必须列入宇宙的关键数字之中，它在早期宇宙中必须被调谐得极其接近均衡值 1。如果膨胀太快，引力就永远无法将零散的物质拉到一起形成恒星或星系；如果初始动力不足，一场过早的大危机将在宇宙演化刚刚开始时就将其扼杀。

宇宙学家对这种"调谐"的反应各不相同。初看起来，最常见的反应似乎有悖常理。它强调，既然早期宇宙是在 Ω 非常接近均衡值 1 的情况下形成的，那么一定存在某种深层次的原因能够证明 Ω 精确地等于均衡值 1。换句话说，因为"调谐"非常精确，所以它一定是绝对完美的。这种反常的推理在另外一些情况下非常管用。例如，我们非常确定，氢原子中质子所带的正电荷完全被核外电子所带的负电荷抵消，误差不会高于 10^{-21}。然而，并没有测量可以告诉我们，一个原子所带的净电荷恰好为零：任何测量总会有一些误差。所谓的"大统一理论"试图将电磁力和核力相互关联起来，在过去的 20 年里，这种理论已经提出了正负电荷之所以会相互抵消的深层原因。然而，即使在 50 年前，大多数物理学家也推测，这种抵消是完全的，尽管当时没有任何令人信服的论据。

另一个令人惊讶的现象是，宇宙以相同的速度（哈勃常数）向各个方向膨胀：这种速度可以用一个单独的"标量"来描述，它代表了埃舍尔网格中棒子的伸长。我们可以轻易地设想出这样一个宇宙：其在一些方向上膨胀得快，而在另一些方向膨胀得慢。然而，一个不那么均匀的宇宙似乎会遇到更多问题。为什么当我们从相反的方向观察遥远的区域时，它们看起来如此相似和同步呢？或者，为什么宇宙微波背景辐射[①]的温度在太空各处几乎是一样的呢？正如我们将在第 9 章中看到的那样，关于宇宙的这些特征以及早期宇宙中 Ω 的精细调谐问题，实际上存在一种更有力的解释，其中会引入宇宙"暴胀相"的概念。

---

① 自温度达到 3 000 摄氏度以来，这种辐射就没有消散过。

JUST

SIX

NUMBERS

数字λ：宇宙膨胀是在减速 还是在加速

尽管暗物质之间具有引力作用，但实际上膨胀却会因此得到加速。因此，我们必须在当前的关键数字中引入另一个数字，来描述这种"反引力"的强度。

　　宇宙可能像他们说的那样大。但如果它不曾存在，就不会消失。

——皮特·海因（Piet Hein）

回顾过去

　　宇宙中所含有的暗物质比普通原子多得多，但它们足以使宇宙物质的实际密度达到"临界密度"，使 Ω 精确地等于均衡值 1 吗？按照目前的推断，星系和星系团内的暗物质不足以如此。不过，暗物质均匀地散布在宇宙中，并不会影响星系团内部的运动，也不会影响星系团造成的光线弯曲，这种弯曲会使非常遥远的星系的图像放大和变形。因此，这就使暗物质变得更加难以捉摸。不过，好在多出的物质会通过影响整体宇宙的膨胀过程来显露自己的存在。那么，我们能否发现膨胀率的变化呢？

从原则上来说，这当然是可能的。红移现象告诉我们，远处物体发出光时是如何运动的。通过观测遥远星系或任何其他类型的天体的红移和距离，我们就可以推断出宇宙在早期时代的膨胀率。通过比较当前宇宙的膨胀率，我们就能得知膨胀率的变化有多大（如果变化存在的话）。

然而，膨胀率的变化是极其缓慢的，只有在几十亿年后的"基线"上才能显现出来。所以，除非我们能观测到几十亿光年以外的物体，否则就没有希望探测到膨胀率的变化。不过，这现在已经不成为一个问题了，因为科学家正在用10米口径的超高性能望远镜探测宇宙早期的情况，其时间不超过当前宇宙年龄的 1/10。重要的问题是，必须找到足够标准的遥远物体，并与附近的同类物体有本质上的区别，因为我们要观测它们极早期的演化阶段。

最容易探测到的高红移天体是"类星体"，即极度活跃的星系中心。它们远非"标准化的发光体"：红移相似，也就是说距离相似的类星体在视亮度上的变化幅度却很大。更糟的是，我们对它们所知甚少，不知道随着宇宙年龄的增长，它们的原有性质会发生怎样的变化。

在某种程度上，星系比类星体更容易理解，即便星系没有类星体那么明亮，并且星系也可以显现出相似的红移。不过，这里同样存在问题。举例来说，如果动物园里有不同类型的动物，动物就好分类，但现在的情况是，太空中有很多不同类型的星系，因为红移相似，我们很难对它们进行分类。并且，它们会随着年龄的增长不断演化。之所以如此，有几个原因：现有的恒星在演化和死亡，而新的恒星又从气体中形成，或者，有的恒星被引力拉入星系，因为星系在不断地捕获较小的邻居，这种现象被称为"星系吞噬"。

星系太复杂、太多样，而且我们对它们了解甚少，因此它们还不足以作为"标准烛光"。它们远不如单个恒星那么容易理解。然而，单个恒星的光又太过暗淡，在宇宙学的距离上是无法被探测到的：我们的望远镜是通过探测整个星系中数十亿颗恒星的光总量来观测该星系的。不过，有些恒星在濒临死亡之时会爆炸为超新星，并且会持续燃烧好几天，其亮度与包含数十亿颗普通恒星的整个星系一样明亮。

寻找遥远的超新星

有一种特殊类型的超新星，其专业名称为"Ia型"。这种超新星会发生核爆炸：当一颗恒星的内核燃烧殆尽，质量达到一定的阈值，变得不稳定并濒临死亡时，其中心会突然发生核爆炸。实际上，这种超新星相当于一颗标准当量的核弹，我们对其物理学机制已经相当清楚，不必在此详述细节。重要的是，这种Ia型超新星可以被当作"标准烛光"，其亮度足以在远距离被探测到。根据它们的亮度，我们可以准确地测算出其距离，同时通过测量红移将其过去一个时期的膨胀速度和距离联系起来。宇宙学家希望这样的测量能够确定，宇宙膨胀减缓的速度究竟是小[①]还是大。如果像许多理论物理学家认为的那样，暗物质的含量超出我们的预料，有足够多的暗物质使宇宙物质的密度达到"临界密度"，使宇宙与最简单的理论模型相似，那么宇宙膨胀减缓的速度就会加快。

---

① 如果暗物质的含量不会超过我们所知道的比例，情况就会如此。

这些超新星显示了与其红移直接相关的另一趋势：与较近距离处的同类超新星相比，最遥远和红移最大的超新星变亮和变暗的速度要慢一些。这正是我们所预期的结果：一个远离我们而去的时钟会变慢。如果它发出周期性的"滴滴声"，之后发出的声音就要穿过更长的距离，到达地球的时间间隔就会变长。

超新星的变亮和变暗本身就像一个时钟，其"光变曲线"的减速与红移成正比，这正是当它们远离我们时所发生的情况。在一个静态的宇宙中，我们无法解释这一现象。对于任何怀疑红移是由于某种"光疲劳"效应造成的观点来说，这是最好的反证。

用社会学的说法来说，天文学是一门"大科学"：它需要庞大而昂贵的设备。一般而言，宇宙研究项目通常不需要工业化的团队合作，但在一些情况下，例如在实验室使用大型加速器来研究核内粒子时，这种团队合作是必须的。天文学家仍然可以单独作战，靠争取大型望远镜的几个晚上的使用权来独自研究，当然，他们也可以使用小型望远镜来开展一些创新性的研究，就像最先发现其他恒星周围存在行星的那些天文学家一样。不过，利用超新星进行宇宙学研究需要许多合作者之间的长期努力，并且需要使用好几架望远镜。这些天文学家面临的首要挑战是，捕获一些数十亿年前恒星爆炸时炸出的光子，也就是光的微弱痕迹。通过反复观测同一片天空，在遥远的星系中寻找偶然的瞬变光点，天文学家就可以找出遥远距离上的超新星。这些搜索是用中等大小的望远镜进行的，因为大型仪器有更多来自其他方面的需求，无法再分配给任何一个单独的项目。接下来，每一颗超新星都会被反复观测，以绘制出其"光变曲线"，并尽可能精确地测量其视亮度。这些工作最好使用 10 米口径的地面望远镜，或者哈勃太空望远镜。分析所有数据，并评估其可靠性，这也是一项精细的工作。

对于任何新的科学推断，尤其当它出乎人们的意料时，在得到独立证据的证实之前，自然都不会得到注重。在此之前，往往是令人沮丧的漫长等待。幸运的是，有两个独立的团队致力于开展"超新星宇宙学计划"。第一个真正进入这一领域的是索尔·珀尔马特（Saul Perlmutter），他曾是加利福尼亚州劳伦斯 - 伯克利实验室（Lawrence Berkeley Laboratory）的物理学家。也许因为他一开始在天文学方面没有什么背景，因此没有被困难吓倒，于 1990 年左右投入了研究。逐渐地，他吸引并激励了一群来自英国和美国的合作者，与他共同开展研究。第二个小组也是国际性的，只是形成较晚，这个小组的几位研究人员提出了一项新技术，可以对超新星进行更加标准化的二级分类，珀尔马特的团队后来也采用了该方法。

到了 1998 年，每个研究小组都发现了大约十几颗遥远的超新星，并且信心十足地宣布了他们的初步研究成果：宇宙膨胀速度的减慢程度比假定 Ω 等于均衡值 1 而推导出来的结果要小。在以往，理论上有一个很深的成见，即认为 Ω 刚好等于均衡值 1 时的宇宙会比较简单。尽管上述结果与这一成见相反，但这并不令人吃惊，毕竟没有足够的证据表明，宇宙中有足够多的暗物质使 Ω 的值超过 0.3。然而，真正令人惊讶的是，宇宙膨胀的速度似乎根本没有减慢，而是在不断加快。《科学》杂志将这一发现评为 1998 年科学领域中的头号发现。

这些观测正好在现有望远镜所能达到的极限范围内。遥远的超新星非常暗淡，很难对它进行精确的测量。此外，一些天文学家担心，星际空间中的尘埃"雾"会减弱光线，使超新星看起来比实际距离更远。除此之外，这些"炸弹"可能还不够标准，例如，它们的发光量可能取决于原有恒星中碳等元素的含量。然而，在越是宇宙年轻时形成的天体中，换句话说，就是在那些我们观测到的红移最大的天体中，这些元素的含量越会系统性地降低。科学家正在进行交叉对比，每个月都会有更多超新星被加入样本清单中。

宇宙膨胀正在加速？

宇宙膨胀的加速意味着空间本身有一些不同寻常的重要属性，即宇宙中必然存在另外一种力，即使在真空中，它也会导致"宇宙斥力"。这种力在太阳系中无法被察觉，也不会对银河系产生任何影响。不过，在更为稀薄的星际空间中，它可以压倒引力。尽管暗物质之间具有引力作用，但实际上膨胀却在加速。然而，如果只有引力作用，就会导致膨胀逐渐减速。因此，我们必须在当前的关键数字中引入另一个数字，来描述这种"反引力"的强度。

我们通常认为真空是"虚无"的，但如果我们将星际空间某个区域中所包含的少量粒子全部移走，甚至将原来穿过它的辐射也屏蔽开来，并将它冷却到绝对零度，这样得到的空间仍然可能会有一些残留的力。爱因斯坦就曾推测过这一情况。早在 1917 年，在他提出广义相对论之后不久，他就开始思考如何将这个理论推广到整个宇宙。事实上，那时的天文学家只了解银河系，自然就认为宇宙是静止的，既不膨胀也不收缩。爱因斯坦发现，静态的宇宙会立即开始坍缩，因为其中的物质相互吸引，除非有一种额外的力能抵消引力，否则宇宙不可能保持静态。因此，他在自己的理论中增加了一个被称为"宇宙常数"的数字，用希腊字母 λ 表示。这样，爱因斯坦的方程式便能推导出一个静态的宇宙，只要取一个合适的 λ 值，其中的引力就会被一种宇宙斥力抵消。这个宇宙虽然是有限的，但没有边际：你所发出的任何一束光最终都会折返回来，照在你的后脑勺上。

1929 年之后，这个所谓的"爱因斯坦宇宙"只是被当作了一件趣闻。因为那时天文学家已经意识到，银河系只不过是众多星系中的一个，而遥远的星系正在远离我们：宇宙不是静止的，而是在膨胀。此后，爱因斯坦也对 λ 失去了兴趣。事实上，乔治·伽莫夫在自传《我的世界线》（*My World Line*）中回忆了爱因斯坦去世前三年与他的一次谈话，爱因斯坦认为引入宇宙常数 λ 是自己一生中"最大的失误"。如果爱因斯坦没有引入这个常数，他的方程式将会毫无疑问地推导出：宇宙正在膨胀或坍缩。这样，爱因斯坦可能早于埃德温·哈勃预测到宇宙正在膨胀的现象。

　　虽然爱因斯坦引入宇宙常数 λ 的原因已经被遗忘了 70 年，但这个概念本身并未因此而失去人们的信赖。恰恰相反，λ 现在不再像爱因斯坦认为的那样是臆想和刻意而为的结果。我们现在意识到，虚无的空间绝非那么简单，各种粒子都潜伏在其中。任何粒子及其反粒子都可以通过适当的能量聚集而被制造出来。在更小的尺度上，虚无的空间可能是一团翻腾纠缠着的弦，并且拥有更多维度的结构。从现代的角度来看，令人感到困扰的问题是：为什么 λ 这么小？为什么所有正在进行的复杂过程，即使在虚无的空间中，也不会产生更大的净效应呢？为什么空间的密度不像原子核或中子星的密度那样大[①]？甚至，为什么空间的密度不像宇宙诞生 10^{-35} 秒时的密度一样大？事实上，空间的密度是极早期宇宙的密度的 $1/10^{120}$，这也许是整个科学界在量级估算中最糟糕的一次失败。λ 的值可能不正好为零，但它肯定非常小，以至于只能与星际空间中极其微弱的引力相抗衡。

---

① 在这种情况下，空间就会在 10 ~ 20 千米内自我封闭。

　　一些理论物理学家认为，宇宙空间中具有微型黑洞这类复杂的微观结构，它们可以自我调节以补偿真空中的任何其他能量，并促使 λ 恰好为零。如果宇宙膨胀的速度确实在加快，λ 也不等于零，那么这种论点将被推翻，同时也警告我们防止这样的想法："因为某个事物非常小，所以必定存在某种深层次的原因能够表明，它恰好为零。"

λ 非零的证据

　　在撰写本书时（1999 年春季），λ 非零的证据虽然很充分，但还不是决定性的。超新星的观测中可能存在一些未被正当认可的倾向或误差。不过，还存在其他的证据能够证明 λ 非零，它们虽然都属于技术性和间接的证据，但证实了宇宙正在加速膨胀的观点。宇宙微波背景辐射在太空中并不是完全均匀分布的，而是存在温度上的轻微起伏，这是由演化成星系和星系团的不均匀性造成的。最显著的不均匀区域的可能大小是可以计算出来的，它们在太空中的大小（例如，它们是一度见方还是二度见方）取决于视线范围内所有物质的引力聚焦的大小。这种测量直到 20 世纪 90 年代末才得以实现（测量地点在干燥的高山之巅、南极或者长时间飞行的飞艇之上），最终得出的结果否定了宇宙是一个低密度的简单宇宙。如果 Ω 真的为 0.3，而且 λ 正好为零，那么星系团的种子就应该看起来比实际的要小。然而，真空中任何潜在的能量都会增强聚焦效果。如果 λ 为 0.7 左右，那就与这些测量结果一致，也与支持宇宙正在加速膨胀的超新星证据相符。

虽然引力是行星、恒星和星系中的主导力量，但在更大的宇宙尺度上，平均密度非常低，引力可能会被另一种力取代。宇宙常数 λ 描述了自然界中最微弱也最神秘的力，这种力似乎控制着宇宙的膨胀及其最终命运。爱因斯坦的"失误"可能最终被证明是一种成功的洞察力。如果真是这样，他的工作就会产生连他自己都始料未及的影响，而这样的例子并非个例。广义相对论最突出的一个预言是，预示了黑洞的存在。弗里曼·戴森（Freeman Dyson）这样总结了爱因斯坦自己对这个问题的看法：

爱因斯坦不仅对黑洞的概念持怀疑态度，而且还积极地反对它。他认为，黑洞的解是一个污点，需要用更好的数学公式从理论中剔除，而不是一个需要通过观测进行验证的结论。他从未表示过对黑洞的认同，无论是作为一个概念，还是作为一种物理实在。

如果 λ 不为零，我们就会面临这样一个问题：为什么它具有我们所观测到的值，而且这个值比它应该有的"自然"值小非常多。如果宇宙再小一些，就会大有不同（尽管下面将要讨论的长期预测会有所不同）。实际上，数值较大的 λ 值将会带来灾难性的后果：λ 将不会在星系形成之后才开始与引力竞争，而是在密度更大的早期阶段就会超过引力。如果 λ 在星系从膨胀的宇宙中聚集成形之前就开始占据主导地位，或者它提供了足够强大的斥力来扰乱星系，那么就不会有星系存在。不过，我们的存在说明，λ 值不应该太大。

长远的未来

地质学家根据岩石的地层推断出地球的历史，气候学家通过钻穿南极冰层推断出地球在过去 100 万年来的温度变化。同样，天文学家可以通过拍摄不同距离上星系的"快照"来研究宇宙的历史：那些离我们越远的星系（具有较大的红移）所代表的演化阶段越早。理论物理学家面临的挑战是了解星系及其演化过程，以便用计算机做出与现实相符的模拟（参见第 8 章）。

宇宙中的大多数星系已经进入了一个稳定的成熟期，一个新陈代谢减慢的平衡状态。星系中形成的新恒星越来越少，蓝色的恒星也越来越少。那么，遥远的未来将会变成什么样子呢？当宇宙增长至 10 倍大时，也就是宇宙的年龄是 1 000 亿年而不是 100 亿年，会发生什么呢？我以前喜欢的猜测（在很多相关证据出现之前）是：到那时，膨胀将停止，大坍缩接踵而至，宇宙重新陷入一场大危机，一切都将面临与落入黑洞的宇航员一样的命运。那时，宇宙存在的时间所剩无几，并坍缩成一团。不过，这种情况要求 Ω 的取值大于均衡值 1，这与近年来获得的证据刚好相反。暗物质虽然确实存在，但似乎不足以使宇宙完全达到"临界密度"，因为 Ω 看来小于均衡值 1。此外，宇宙常数 λ 描述的额外的宇宙斥力实际上使膨胀加速了。

宇宙似乎会无限期地膨胀下去。我们无法预测生命在 100 亿年或更长一段时间后将会怎样：一方面，它可能会灭绝，另一方面，它也可能会进化到可以影响整个宇宙的状态。不过，我们可以计算出无生命宇宙的最终命运：即使燃烧最慢的恒星最终也会死亡，我们所在星系群中的所有星系（银河系、仙女星系和几十个更小的星系）会合并成一个单一的系统。到那时，部分原始气体会在死亡恒星的遗骸中集结起来，其中有些可能是黑洞，有些可能是非常冷的中子星或白矮星。

从更长远的角度来看，一些现在难以觉察的极其缓慢的过程将会逐渐显现出来。在一个典型的星系中，恒星之间的碰撞是非常罕见的（这对太阳系来说是幸运的），但碰撞的次数会逐渐增加。银河系漫长的最终阶段偶尔会被强烈的耀斑照亮，每一次耀斑都表明有两颗已死亡的恒星发生碰撞。在相当长的一段时间里，由引力辐射造成的能量损失将会使所有恒星和行星的轨道开始压缩，这种作用在今天慢得几乎察觉不到。即使原子也不会永远存在。最终的结果便是，白矮星和中子星会因为其组成粒子的衰变而受到侵蚀。黑洞也会衰变，其表面会因量子效应变得模糊，并释放出辐射。在当前的宇宙中，除非存在原子大小的微型黑洞，否则这种效应太慢了，不会引起人们的兴趣。一颗恒星质量的黑洞的总衰变时间为 10^{66} 年，而一个重达 10 亿个太阳质量的黑洞则需要 10^{93} 年才会被侵蚀殆尽。

10^{100} 年之后，银河系所在的星系群中唯一幸存下来的遗迹将是一大团暗物质和一些电子与正电子。我们本星系群之外的所有星系都会经历同样的内部衰变，而且会一步步离我们远去。不过，它们远离的速度主要取决于 λ 的值。如果 λ 为零，原有的引力会使远离速度减慢。实际上，尽管星系会不可避免地远离，并且远离速度（和红移）会逐渐减小，但绝不会完全降低至零。如果我们遥远的后代有足够强大的望远镜来探测高红移的星系，即使这些星系距离他们越来越远，并且自身正在不断地衰变，但相比于今天的我们，他们实际上能够探测到的东西将会更多。1 000亿年之后，我们可以看到 1 000 亿光年以外的物体，因为现在远在我们视界之外的物体（因为它们的光还没有到达我们）到那时都会进入我们的视野。

然而，如果 λ 不为零，宇宙斥力将会推动星系以不断加快的速度彼此远离。这样，它们将会更快地从我们的视野里退出，因为它们的红移在增大而非减少。我们的视野范围将会受到一个视界的限定，这个视界很像黑洞里由内而外的视界。当物体落入黑洞时，它们会加速下落，并在接近黑洞"表面"时，红移越来越大，最后逐渐从视野中消失。在一个由 λ 控制的宇宙中，星系会加速远离我们，当它们接近视界时，会越来越接近光速。在以后的时间里，我们不会再比现在看得更远了。除了仙女星系和由引力卷入我们这个星系群的小星系之外，所有星系都注定会从我们的视野中消失，它们遥远的未来将会超出我们的视野，就像黑洞里发生的事件一样令我们不可企及。随着时间的推移，银河系之外的空间将以指数级的速度变得越来越空旷。

JUST
SIX
NUMBERS

08
宇宙原始时代的"涟漪"：
数字 Q

宇宙中最显著的结构 —— 恒星、星系和星系团，都是由引力约束在一起的。而数字 Q 的出现表明，星系和星系团中的引力实际上非常微弱。

　　宇宙刚被创造出来时虽然处于一种不太成形的
状态，但被赋予了一种能力，能够将自己从未成形
的物质转变成一种真正奇妙的结构和生命形式。

——圣奥古斯丁（St Augustine）

引力与熵

　　就像音乐和绘画中表现的那样，自然界中最吸引人的图
案既不是完全规则和重复性的，也不是完全随机和不可预测
的；相反，它们结合了这两方面的特点。当前可见宇宙的精
细构造并不是完全有序的，也不会变成完全随机的状态。自
然界中有 92 种不同类型的原子，不仅有在"大爆炸"中形
成的简单的氢原子、氘原子和氦原子。其中一些原子存在于

地球生物圈的复杂有机体中，一些存在于恒星中，另一些则分散在星际空间。宇宙各处的温度的反差也非常大，比如，恒星表面炽热（中心温度更高），但黑暗的太空则接近"绝对零度"，借助从"大爆炸"中遗留下来的微波余晖，其温度达到 2.7 开尔文。

这种错综复杂的结构都来自一个单调、无定形的火球，这似乎违反了一个神圣的物理学原理：热力学第二定律。这个定律描述了一种不可避免地趋向于均衡、远离模式和结构的趋势：热的物体趋向于变冷，冷的物体趋向于变热。墨水和水很容易混合，而相反的过程，即搅拌一种浑黑的液体直到浓缩成一颗黑色的液滴，则会让我们大吃一惊。有序的状态最终会变乱，但反之则不然，用专业术语来说，"熵"永远不会减少。局部熵的明显减少总是被其他地方熵的增加抵消。这条定律的典型例子就是蒸汽机，其中活塞的有序运动总是伴随着热量的损耗。

然而，当引力开始起作用时，我们需要重新思考自己的直觉。举例来说，恒星是由于其内部引力向内拉合而聚集在一起的，这种内拉的引力与其内部外推的热压力相平衡。恒星在失去能量时会变热，尽管这看起来有点奇怪。假设太阳内核的燃料供应被切断，其表面依然会保持明亮，因为有热量从它更热的内核中散发出来。如果核聚变不再提供热量，太阳就会随着能量的流失而逐渐缩小，就像威廉·汤姆逊在 19 世纪就已经意识到的那样，太阳将会持续 1 000 万年的时间。然而，这种收缩实际上会使内核变得比以前更热，因为引力在更短的距离上会产生更强大的内拉力，而为了抵消这种来自外部的巨大压力，内核的温度必须变得更高。当一颗人造卫星由于大气阻力逐渐盘旋进入较低轨道时，也会发生类似的情况：它的温度会升高，但引力释放的能量只有一半转化为热能，另一半用于加快卫星的速度，因为轨道越小，所需的速度越快。

因此，对于新恒星会在由冷尘埃气体组成的不规则云团中凝结而出这一现象，我们不应感到惊讶。密度最大的区域由于自身引力而收缩，进而像恒星一样发光。这种变化究竟是如何发生在猎户座或天鹰座星云这类环境中的，以及这一过程产生的大小恒星之间的比例是多少？即使运用最大的计算机也很难计算出结果，这也就是为什么我们不确定宇宙中有多少褐矮星构成了暗物质的原因。不过，从原理上来说，恒星的形成并不神秘：一旦引力控制了一个系统，它就会不可避免地收缩。

从"大爆炸"到星系

银河系和其他星系中的气体云已经被搅拌和循环利用过太多次了，以至于它们无法保留住关于自己起源的"记忆"。因此，宇宙变得越大，恒星的形成过程就越难以了解。星系的形成过程比恒星更复杂，它们起源于早期的宇宙，其形状是由它们的"遗传特点"和所处的环境塑造的。

如果宇宙一开始是完全平滑和均匀的，那么它会在整个膨胀过程中一直保持这种状态。在 100 亿年之后，暗物质的分布变得稀薄，氢和氦等元素也会变得非常稀少，每立方米只有不到一个原子。这样的宇宙将是寒冷而沉闷的：没有星系，因此也没有恒星，没有元素周期表，没有复杂性，当然也没有人类。不过，早期宇宙中哪怕只出现非常轻微的不规则性，最终也会产生极其重要的影响，因为在膨胀的过程中，密度的不均匀性会增大。比平均密度稍高一点儿的任何区域，其膨胀速度都会减小很多，因为它受到了额外引力的束缚，膨胀越来越落后于一般区域。比如，如果我们以稍微不同的速度向上抛出两个球，一开始，它们的运动轨迹可能只有细微的差别。接下来，速度较慢的球将完全停止，并开始下落，而速度较快的球仍在向上运动。在一个几乎没有任

何特征的火球中，引力会放大这种微小的"涟漪"，增大了
密度差别，直到密度过高的区域停止膨胀，并收缩成由引力
结合在一起的各种结构。

　　宇宙中最显著的结构 —— 恒星、星系和星系团，都
是由引力维系在一起的。我们可以用它们全部"静止质能"
（mc^2）的比例来表示其结合的紧密程度，也可以表示需要多
少能量才能打破这种约束，使它们分解。对于宇宙中最大的
结构星系团和超星系团来说，答案是 1/100 000。这是一个
纯粹的数字 —— 表示两个能量之间的比例，我们称之为 Q。

　　Q 非常小，量级为 10^{-5}，这意味着星系和星系团中的引
力实际上非常微弱。因此，用牛顿定律足以精确地描述恒星
如何在星系内运动，以及每个星系如何在所有其他星系和星
系团内暗物质的引力影响下沿轨道运动。Q 的值如此之小也
意味着：我们可以将宇宙看作是各向同性的，就像我们看待
星球一样；如果一颗星球表面上的起伏只有它半径的 1/100
000，[①] 我们就可以认为它是光滑和浑圆的。

　　这种微小的涟漪应该很早之前就出现了，其出现的时间

———————————

① 对于一颗地球大小的星球来说，这只不过是 60 米的范围。

早于宇宙能够"区分"星系和星系团之前。当时，这些不同系统的尺度或者当前宇宙中显得重要的任何尺度，都没有什么特别之处。最简单的猜测是，在早期的宇宙中，没有哪个尺度更受偏爱，因此每个尺度上的涟漪都是一样的。当宇宙还处于微观尺度时，这种初始的"粗糙"程度就已经通过某种方式建立起来了，至于这究竟是如何发生的，我们将在下一章进行推测。对于宇宙结构的"特征"来说，数字 Q 起着决定性的作用，如果 Q 的值太大或太小，结果将非常不同。

微波余晖中的涟漪

宇宙一开始稠密而不透明，就像恒星内部的发光气体。然而，经过 50 万年的膨胀，温度下降到 3 000 摄氏度左右，比太阳表面的温度略低。随着进一步冷却，宇宙实际上进入了黑暗时期，该时期一直持续到第一批原初星系形成并点燃自己为止。

那么，宇宙的黑暗时期究竟是如何结束的？这将是未来 10 年里天文学家面临的一大挑战。人们寄予了下一代太空望远镜很大的期望。按照计划，这些望远镜将会安装针对红光和红外线的灵敏探测器，以及一个口径为 8 米的反光镜（相比之下，哈勃太空望远镜的口径只有 2.4 米）。

作为来自"大爆炸"本身的余晖，宇宙微波背景辐射传递了宇宙早期的直接信息，此时星系还处于"胚胎"阶段。密度稍高的区域的膨胀速度慢于一般区域，注定会演变成星系或星系团；密度稍低的区域则注定被分解成空洞的空间。宇宙微波背景辐射的温度应该带有这些波动的印记，预期的大小约为 1/100 000，这基本上与表征涟漪幅度的数字 Q 的数值相同。

20 世纪 90 年代，人们对宇宙结构进行了绘制，这无疑是宇宙学的巨大胜利。宇宙微波背景辐射大约只有地球辐射的百分之一（地球表面温度约为绝对零度以上 300 开尔文）。科学家现在要测量的是比这还要小得多的温差，这确实是一项令人生畏的技术挑战。在确认宇宙微波背景辐射具有"黑体"光谱方面，美国国家航空航天局于 1990 年发射的宇宙背景探索者卫星达到了显著的精度；同时，这颗卫星还携带了第一台足够灵敏的仪器，能够辨别来自某些方向的辐射比来自其他方向的辐射略热。它扫描了整个天空，以足够高的精度测量温度，绘制了这种不均匀性。

这类测量最好在太空中进行，因为大气中的水蒸气会吸收部分宇宙微波背景辐射。在宇宙背景探索者卫星之后，人们还进行了同样的测量，测量地点或在山顶，或在南极（那里的水蒸气较少），或在带有设备的飞艇上。虽然这些新的实验只能描述小区域的情况，不像卫星那样可以描述整片天空的情况，但它们能够灵敏地以极低的成本获得同样的观测结果。

之后的重大进展来自两架比宇宙背景探索者卫星更先进、更灵敏的太空探测器：一个是美国国家航空航天局的微波各向异性探测器（Microwave Anisotropy Probe，简称 MAP），另一个是欧洲航天局的普朗克探测器（Planck/Surveyor）。在几年内，这些探测器将会收集足够多的数据，揭示早期宇宙在许多不同尺度上的"粗糙度"，从而解决星系是如何形成的这一关键问题。宇宙微波背景辐射携带了很多关于极早期宇宙的信息，例如，它将有助于明确说明数字 Ω、λ 以及 Q。

"大爆炸"余晖温度的不均匀性达到 1/100 000 的程度，这实际上令人宽慰，而不是令人惊讶。如果宇宙微波背景辐射暗示的是一个更加平滑的早期宇宙，那么当前宇宙中的星系团和超星系团将会成为一个谜。如果情况真是如此，除了引力，还需要另外某种力的作用，以更快地加大密度反差。

不过，Q 只有 1/100 000 的事实确实是宇宙最显著的特征。如果你捡到一块石头，它在 1/100 000 的精度上是球形的，你可能想知道是什么造成了这些小的不规则性，也可能对整体的光滑性感到更加困惑。第 9 章将要介绍的"暴胀"是关于这个问题的最好理论，而温度的起伏则为这些想法提供了重要的检验。

"虚拟"宇宙的演化

当宇宙的年龄达到 100 万年时，一切仍在均匀地膨胀。这些结构是如何收缩并发展成我们现在所观察到的宇宙景象的呢？现在，我们可以利用计算机来研究一些"虚拟"的宇宙。在模拟开始时，物质处于膨胀之中，但不是很均匀。原因在于，作为初始条件的一部分，Q 的特定值相对应的不规则性已经被考虑在内。

占主导地位的引力源是"暗物质"，即从早期宇宙中留存下来的粒子，它们几乎不会相互碰撞，但都受到了引力的影响。如果你在越来越大的体积上求取平均值，那么就会发现早期宇宙变得越来越平滑。这意味着，如果引力是唯一相关的力，较小的尺度将首先开始收缩。宇宙的结构是由下而上按等级形成的。亚星系尺度下的暗物质首先凝聚，合并成具有星系质量的物体，这些物体再形成星系团。在更大的尺度上，引力需要更长的时间才能逆转膨胀。

然而，这种阶梯式的聚集本身导致了一个黑暗而贫瘠的宇宙。宇宙的"发酵剂"是原子，它们的总质量比暗物质的总质量小得多：原子被动地前进，形成一种能"感受"到暗物质的引力的稀薄气体。实际上，我们所看到的一切都取决于这种气体。

这种气体的运动方式比暗物质更复杂，因为引力并不是唯一作用于它们的力。气体能"感受"到引力，但也会施加压力。这种压力阻止了气体被引力内拉成非常小的暗物质"团块"。不过，在100万倍于太阳质量的量级上，引力将会压倒一切。因此，最初形成的气体浓缩体比恒星重100万倍，这些浓缩体最终形成"第一束光"，结束了宇宙的黑暗时期。计算机程序通常采用的气体运动模型与航空工程师用来研究机翼周围和涡轮内部气流的程序类似。这样的计算被认为足够可靠，可以替代风洞试验。不过，即使如此，若想计算出这些坍缩的云团内部发生了什么，难度仍然很大。迄今为止，还没有人对开始于单个云团，最终形成一个恒星群的过程进行过模拟。一个 100 万倍于太阳质量的气体云既可以分裂成 100 万颗像太阳一样的独立恒星，也可以分裂成数目较少但质量更大的天体，甚至还可以保持为一个整体，收缩成一颗超新星或类星体。

最早的这些天体应该是在宇宙只有几亿岁时，也就是在现在年龄的百分之几时形成的。当宇宙到了 10 亿岁时，星系尺度的结构应该已经形成，其中每个星系都是恒星的集合，它们不仅依靠自身的引力，而且还依靠暗物质的引力维系在一起，这些暗物质形成了一个比宇宙大 10 倍、重 10 倍的"团体"。气体不断落向这些物体并冷却下来，如果这些物体正在旋转，气体就会形成圆盘，进而凝结成恒星，由此开始循环过程，合成并散播元素周期表中的所有元素。

计算机模拟至少展示了这些过程的大致轮廓，这种模拟可以像电影一样放映，用以描述宇宙的膨胀和星系的形成过程，只是其速度比实际过程的速度大约快 10^{16} 倍。图 8-1 展示了这种模拟中的 6 个画面。

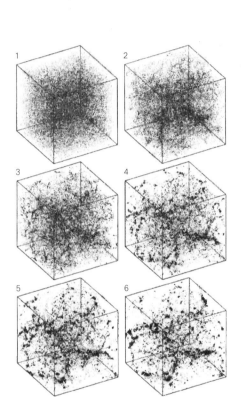

图 8-1　计算机模拟的 6 个画面

这 6 个画面显示了膨胀的宇宙中是如何出现结构的。这些图片中略去了整体的膨胀过程,所以所有立方体的大小保持不变。最初,初始结构就存在不易察觉的不规则性。在膨胀过程中,密度较高的区域的膨胀速度越来越慢,密度反差不断增大,最终收缩成由引力约束的结构。这些结构结合在一起,产生了星系——这是人类出现的一个先决条件与单个星系一样，星系团和超星系团也是引力聚集的产物。新形成的星系不会完全均匀地分布，有些地方的密度会比其他地方的高一点儿。随着膨胀的继续，质量较大的区域的膨胀速度将会减慢，因此这些区域的星系最终明显地比平均密度更密集，比一般星系结合得更加紧密。

我们如何才能检验一个虚拟的宇宙是否与真实的宇宙完全相似呢？这些模拟必须再现我们所观察到的星系的特性，包括体现星系特征的大小和形状，圆盘星系和椭圆星系的比例，以及它们的聚集方式。不过，模拟还必须做更多工作：它必须与宇宙"快照"相匹配，这些"快照"告诉了我们宇宙更早期时星系的外观，以及它们形成星系团的方式。

如前所述，我们当前看到的来自最遥远的星系的光线（新一代的望远镜可以对这些星系进行探测和分析）是它们刚形成时发出的。它们看起来和现在的星系不同，而且没有一个已经成形且稳定旋转的盘状结构，构成它们的气体中也只有一小部分变成了恒星。大多数星系都很小，它们不断合并，我们今天所看到的大星系是由主星系吞噬较小的邻居形成的。

作为早期恒星形成的副产品，宇宙中还会发生一些更有趣的事情。一些气体会沉降到一群暗物质粒子群的中心，并在自身的引力作用下收缩，形成一个比普通恒星重 100 多万倍的"超级恒星"。如此巨大的天体非常明亮，以至于其核燃料不能持续很长时间，它结束生命的方式不是爆炸，而是坍缩成黑洞。因此，一旦星系开始形成，空间就会被这些黑洞"刺穿"。气体不断落入其中，释放出的能量照亮了星系的其他部分。

这些天体被称为"类星体"或"活动星系核"，它们之所以有趣有两个原因。首先，它们比星系本身更明亮，因此可以作为探测灯照亮遥远的宇宙。类星体的光谱能够揭示视线范围内的气体云，并为宇宙中氘的含量提供最好的证据，正如我们所见，这是对"大爆炸"理论的最好检验。其次，这类天体能使我们对爱因斯坦的广义相对论进行重要检验。它们释放的能量来自非常接近黑洞的旋转的物质，甚至可能来自自转的黑洞本身。我们根本就没有机会捕获这种物质流的实际图像，这比捕获一颗围绕另一颗恒星旋转的类地行星的图像更具挑战性。不过，类星体发出的辐射因强大的引力而发生红移（这是除普通宇宙红移以外的红移）。由于这些气体在黑洞附近高速旋转，所以也会产生很大的多普勒频移，即离我们远去的一侧发出的光变红，而不断接近我们的另一侧发出的光则变蓝。根据推断出的运动和引力场，我们可以检验黑洞是否具有爱因斯坦理论所预测的那些精确属性。

有多少是我们可以预测的

如果用一句话来总结"'大爆炸'以来发生了什么"，那么最好的回答可能是深吸一口气，然后说："从一开始，引力就塑造了宇宙结构，增强了温度反差，这是 100 亿年后出现人类以及周围这些复杂结构的先决条件。"

一旦重到足以自我吸引的系统形成，对平衡的偏离就会增大。这样，宇宙就可以从一个温度均匀的原始火球演化为包含非常炽热的恒星结构的状态，它们向非常寒冷的空旷空间释放出辐射。这个过程为更加复杂的宇宙演化和生命的出现奠定了基础。虽然单个恒星因演化而密度变得更高了（有些以中子星或黑洞而终结），但整体而言，物质的分布会变得越来越稀疏。这些复杂结构是一系列事件的结果，宇宙学家可以将这些事件追溯到致密的原始介质，它们几乎没有结构。

　　就像达尔文的生物进化论一样，我们关于宇宙结构是如何形成的观点是一个极具说服力的宏伟蓝图。与达尔文主义一样，这整个过程是如何开始的仍然是一个谜：数字 Q 到底是如何被确定的（也许源自极早期宇宙的微观振动），这个问题至今仍然令人困惑，就像地球上第一个生命是如何起源的问题一样。不过，宇宙学在一个方面是比较简单的，那就是一旦确定了起点，其结果在很大程度上是可以预测的。宇宙中所有以同样方式开始的大区域的最终结果在统计上都是相似的。相比之下，生物进化的总体过程却很容易受到"意外事件"的影响，比如气候变化、小行星撞击、流行病等。因此，如果让地球的历史重演，最终可能会形成一个完全不同的生物圈。

　　这就是用计算机来模拟宇宙中结构形成过程的重要性所在。星系和星系团是引力作用于初始不规则性的结果。我们并不尝试解释细节上的特点，只注重最后的统计结果，就像海洋学家想要了解的是波浪的统计结果，而不是在特定地点和时间下的一个特定波浪的细节。

　　起始点是一个膨胀的宇宙，可以用 Ω、λ 和 Q 来描述。宇宙的演变结果敏感地取决于这三个关键数字，它们被铭刻在极早期宇宙中，只是我们不能确定这个过程是怎样的。

Q 的调谐

　　星系、星系团和超星系团的形成显然要求宇宙中含有足够多的暗物质和原子。Q 的值不能太低，因为在一个只有辐射而其他物质极少的宇宙中，引力永远无法战胜压力。λ 也不能太高，否则在星系形成之前，宇宙斥力就会超过引力。此外，最初在扩散气体中还必须有足够多的普通原子[①]，以便形成所有星系中的所有恒星。然而，我们已经看到，还需要其他一些东西，即最初的不规则性，这是结构得以发展起来的"种子"。数字 Q 描述了这种不规则性或"涟漪"的幅度。Q 为什么约为 10^{-5} 仍然是一个谜。但这个数值的大小至关重要：如果它太小，或太大，宇宙的"结构"就会大不相同，并且不利于生命的出现。

　　如果 Q 的值小于 10^{-5}，但其他宇宙常数保持不变，那么暗物质聚集的过程就需要花更长的时间，而且它们会更小、更松散。由此产生的星系将是缺乏活力的结构，其中恒星的形成也会变得缓慢、效率低下，"加工"出的物质会被吹出星系之外，而不是被循环利用形成新的恒星和行星系

[①] 它们最初是稀薄气体。

统。如果 Q 的值小于 10^{-6}，气体就永远不会收缩成由引力束缚在一起的结构，这样的宇宙将永远是黑暗的，没有任何特征，即使它最初的原子、暗物质和辐射的"混合"与当前的宇宙是一样的。

如果 Q 的值比 10^{-5} 大太多，即最初的"涟漪"被大幅度的波动代替，那么宇宙中将充满动荡和暴力。比星系大得多的区域在宇宙早期就会收缩，但它们不会形成恒星，而是会坍缩成巨大的黑洞，每个黑洞的质量都比当前宇宙中的整个星系团大得多。任何残存的气体都会变得非常炽热，以至于发射出强烈的 X 射线和伽马射线。星系，即使它们设法形成了，也会比当前宇宙中的星系更加紧密地结合在一起。恒星将会被捆绑在离彼此很近的地方，频繁地发生碰撞，从而无法形成稳定的行星系统。出于相同的原因，太阳系不可能在离银河系中心很近的地方存在，因为与现在所处的非中心地带相比，那里的恒星群更加拥挤。

如果 Q 的值碰巧为 10^{-5}，而不是更大，这一事实也让宇宙学家更容易理解当前的宇宙。一个小的 Q 值保证了宇宙中出现的结构与视界相比都是小系统，这样，我们的视野就大到足以涵盖许多独立的区域，其中每个区域都大到足以成为一个合适的样本。如果 Q 的值大得太多，超星系团就会聚集成更大的结构，延伸到我们的视界范围，而不是像当前的宇宙那样，被限制在这个尺度的 1% 左右。因此，谈论可见宇宙的"平滑"特性就变得毫无意义，而且，我们甚至都无法定义 Ω 这样的数字。

如果没有 Q 的小取值，宇宙学家就寸步难行，直到最近，这一点还被认为是一种令人满意的巧合。现在，我们已经意识到，这不仅仅为宇宙学家提供了方便，事实上，如果宇宙没有这种简单的特性，就不可能进化出生命。

JUST
SIX
NUMBERS

09
宇宙栖息地（三）：
我们的视野之外有什么

宇宙的奥秘和微观世界的奥秘是相互重叠的。为了探索这些奥秘，我们需要将引力与控制单个粒子的其他力联系起来。

那时，世界确实是被创造出来的，不过，不是在时间里，而是与时间同时出现。因为时间里所创造的一切是在一段时间之后和之前创造的，也就是在过去之后、未来之前。但那时还没有什么过去，因为不存在什么创造物，其运动可以用来计算持续的时间。所以，世界只能是与时间同时被创造出来的。

——圣奥古斯丁

"大爆炸"的故事有多可信

"大爆炸"理论已经岌岌可危地存在了 30 多年，许多测量都有可能驳倒它，只要得到的结果不同。以下是其中 5 种可能的测量结果：

- 天文学家可能已经发现了一个天体，其氦丰度为零，或者远低于氢丰度的 23%。这将是一个致命的事实，因为恒星内部的氢聚变可以轻易地使氦丰度升至银河系形成之前的水平,但无法将所有的氦重新还原为氢。

● 由宇宙背景探索者卫星精确地测量出的宇宙微波背景辐射的能谱可能与预期中的"黑体"辐射能谱或热辐射能谱不同。

● 物理学家可能已经发现了中微子与"大爆炸"理论不相符的一些现象。在"火球"中,中微子比原子多得多(大约多 10 亿倍),这与光子的情况一样。所以,一个中微子的质量即使仅为原子的百万分之一,它们总体上也会为目前的宇宙贡献超多的质量,甚至比隐藏在暗物质中的质量还要多。正如第 6 章所讨论的,中微子的实际质量(如果不是零)似乎太低了,不足以对"大爆炸"理论造成威胁。不过,将来的研究结果可能会证明它们具有更大的质量。

● 氘丰度可能与从"大爆炸"中留存下来的预期数量不符。

● 天空中宇宙微波背景辐射的温度的波动可能意味着，Q 的值与从当前宇宙结构中推断出的值不相符，而不是如第 8 章所讨论的那样，等于 10^{-5}。

然而，"大爆炸"理论已经通过了这些检验。这表明，我们得认真对待那个将宇宙反推到开始膨胀后一秒钟时（也就是氦开始形成时）的推理基础。不过，就像根据岩石和化石可以推断出地球的早期历史一样，这些推论同样是间接性的，并且没那么定量化。

也许，我们还可以向更早的时期追溯，不仅是追溯到一秒钟的时候，而是不到一秒钟的时候，以更深入地探测宇宙，甚至解释关键的宇宙数字。

我们可以很自信地退回离"大爆炸"更近一些的时段，但不能太近。我们不太了解宇宙在最初 1/1 000 秒时的物理过程，因为此时所有物体的密度都比中子星的高。在微观尺度上，科学家可以通过高能粒子的碰撞实验来模拟高温和高密度下的情况。不过，这项技术究竟能让我们回推多远，是有限度的。即使正在日内瓦欧洲核子研究中心建造的巨型高能粒子对撞机（Large Hadron Collider）也无法获得"大爆炸"后 10^{-14} 秒时所有粒子具有的能量。

在宇宙诞生 10^{-35} 秒时，甚至在更短的时间内，宇宙的许多重要特征可能已经定型了。在这种情况下，宇宙年龄时钟上的每 10^{-1} 秒（小数点后每增加一个零）都同样充满变化，也都同样重要。相比于从氦开始形成的第三分钟（大约相当于"大爆炸"后的 200 秒）到当前时刻（ 3×10^{17} 秒，即 100 亿年）的变化，从 10^{-14} 秒回推到 10^{-36} 秒所经历的变化更大，因为它跨越了更多个 10 的指数级。由此看来，宇宙在极早期阶段很活跃，处于不断的变化之中（图 9-1）。

一开始，宇宙的奥秘和微观世界的奥秘是相互重叠的。为了探索这些奥秘，我们需要将引力（在大尺度上起主导作用的力）与控制单个粒子的其他力联系起来。然而，这项工作仍未完成。当前，亚原子世界中的各种力和粒子已被归为同一类型。

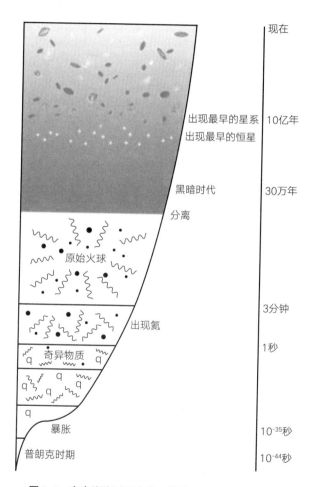

图 9-1　宇宙膨胀过程中的一些关键阶段的时间图表

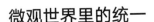

微观世界里的统一

早在 19 世纪，迈克尔·法拉第（Michael Faraday）就认识到了电和磁之间存在的紧密关系：运动的磁铁可以产生电，而运动的电荷会产生磁场。该原理是电动机和发电机出现的基础。1864 年，詹姆斯·克拉克·麦克斯韦（James Clark Maxwell）将法拉第的发现编成一组著名的方程式，用以表示变化的电场是如何产生磁场及其相反的过程的。在真空中，这些方程式在存在电磁振荡的地方有解。这就是光的本质：它是一种电磁能的波，就像无线电波、X 射线和其他被称为电磁波的东西一样。

这样就只剩下两种不同的力：电磁力（电力和磁力被视为一种力）和引力。法拉第自己也渴望将这两种力统一起来，尽管他意识到还为时过早。100 年之后，爱因斯坦晚年一直在寻找这两种力之间的深层联系，但仍然毫无结果。我们现在知道，这种研究注定会失败，因为他当时还不知道那些控制原子核的短程力，即将质子和中子束缚在原子核内的强相互作用力或核力（它决定了 ε 的大小），以及对放射性衰变和中微子至关重要的弱相互作用力。在最杰出的传记作者兼物理学家亚伯拉罕·派斯（Abraham Pais）看来，爱因斯坦生前最后 30 年"还不如去钓鱼"。这种观点多少有些苛刻。

宇宙学界现在面临的挑战是统一这 4 种力：控制微观世界的 3 种力——电磁力、强相互作用力、弱相互作用力，以及在大尺度上占支配地位的引力。在当代，迈向这种统一的第一步与下面这些人物有关联：美国物理学家谢尔顿·格拉肖（Sheldon Glashow）和史蒂文·温伯格（Steven Weinberg），荷兰物理学家杰拉德·特霍夫特（Gerard t'Hooft）和巴基斯坦物理学家阿卜杜斯·萨拉姆（Abdus Salam）。他们的研究结果表明，由麦克斯韦统一的电磁力与一种非常不同的力存在联系，那就是对中微子和放射性衰变很重要的弱相互作用力。这些力在宇宙早期是相同的，只有当宇宙冷却到约 10^{15} 摄氏度的临界温度以下时（在宇宙诞生 10^{-12} 秒的时候），它们才彼此独立，并区别开来。最大的加速器可以模拟这样的温度，当欧洲核子研究中心在实验中发现了萨拉姆和温伯格预测的新粒子时，二人的理论得到了支持。

20 世纪 50 年代和 60 年代，人们发现了许多新粒子（作为我们所熟悉的电子、中子和质子的补充），以至于陷入了这样一种危险境地：粒子物理学变得像集邮一样。不过，不同类型的粒子被区分开了；亚原子粒子可以被归类为不同的"族"，就像元素周期表上的原子可以被归类为"周期"和"族"一样。1964 年，两位美国理论物理学家默里·盖尔曼（Murray Gell-Mann）和乔治·茨威格（George Zweig）提出了"夸克模型"（quark model）。夸克的电荷是电子电荷的 1/3 或 2/3。杰罗姆·弗里德曼（Jerome Friedman）、亨利·肯德尔（Henry Kendall）和理查德·泰勒（Richard Taylor）等人的实验支持了这一模型，他们使用新型的斯坦福直线加速器（Stanford Linear Accelerator）将电子撞向质子。结果发现，在撞击后，电子按照一定的方式破裂了，似乎每个质子由三个"点电荷"组成，其带电量分别为电子总电荷的 2/3、2/3 和 1/3。然而，"夸克模型"有一个违反直觉的方面，即一个孤立的夸克永远不能被移动，尽管在质子内部，夸克表现得像是自由的（所有探测微小带电粒子的尝试都失败了）。到了 20 世纪 70 年代后期，"粒子大观园"中的大多数成员已经用 9 种类型的夸克得到了解释。

20 世纪 70 年代出现的所谓"标准模型"（standard model）给微观世界带来了明显的秩序。电磁力与弱相互作用力已经被统一，而强相互作用力或核力可以用夸克来解释，而夸克是由另一种叫作"胶子"的粒子结合在一起的。不过，没有人认为这就是最终的结论，因为基本粒子的数量仍然多到令人困惑，方程式中涉及的数字必须由实验来确定，不能仅通过理论来推导，尤其重要的一点是，"胶子"的解释并没有确定强相互作用力的强度，这一点对数字 $\varepsilon=0.007$ 至关重要。

在统一电磁力和弱相互作用力之后，下一个目标是引入强相互作用力，形成所谓的"大统一理论"，从而将支配微观物理世界的所有力包括在内。不过，这种理论还没有大到足以包括引力，因为这意味着更大的挑战。这里存在一个障碍：力的统一被认为只有在 10^{28} 摄氏度的温度下才会发生，这比目前的实验所能达到的最高温度还要高出上万亿倍，而若想获得所需的能量，就需要一个比太阳系大得多的加速器。因此，我们很难在地球上验证这些理论。

与此同时，这些理论在我们这个低能量的世界里造成的影响微乎其微。例如，作为所有恒星和行星主要成分的质子会非常缓慢地衰变，这种影响在遥远的未来可能很重要，但当前无足轻重。然而，在最初的 10^{-35} 秒里，所有物质的温度都高于 10^{28} 摄氏度。也许对于力的统一来说，极早期宇宙是唯一能达到所需温度的地方。然而，这个"实验"早在100多亿年前就停止了。那么，它是否留下了化石，就如同宇宙中的大多数氦都是从最初的几分钟遗留下来的呢？答案似乎确实如此。事实上，宇宙对物质而非反物质的偏爱（在第6章中讨论过）可能就是在这个极早期阶段出现的。更为重要的是，宇宙的巨大规模及其正在膨胀的事实，可能是由在那些短暂的初始时刻里所发生的事情决定的。

"暴胀"的概念

关于宇宙的两个基本问题是：为什么它在膨胀？为什么它这么大？通过探测出宇宙在膨胀过程中发生了的事情，我们可以回推到宇宙最初的几秒钟，并用氦元素和氘元素的丰度来证实这一点。实际上，"大爆炸"理论是对"大爆炸"之后发生的事情的描述；而且是相当成功的描述，但它并未说明最初是什么导致了膨胀。另外一个谜题是：为什么宇宙既具有整体的一致性，使宇宙学研究容易进行，同时又允许星系、星系团和超星系团形成？或者，我们还可以更进一步提出：是什么决定了物理定律本身？

一个基本的谜团是，为什么在100亿年后，宇宙还在膨胀，而其 Ω 的值与均衡值1仍然相差不大（我们在第6章中进行了讨论）。宇宙既没有在很久以前坍缩，也没有膨胀得过快，使它的动能以 10 的许多次方倍的力量压倒引力的作用。这要求在早期宇宙中，Ω 的值被调制得惊人地接近均衡值 1。是什么让万物开始以这种特殊的方式膨胀呢？为什么当我们从相反的方向观察偏远地区时，它们看起来如此相似呢？或者，为什么宇宙微波背景辐射的温度在太空各处几乎是一样的呢？

如果当前宇宙中的所有部分在极早期就是同步和协调的，然后加速分离（这就是"暴胀"理论的关键假设），那么这些谜团就会被解开。1981 年，当时年轻的美国物理学家艾伦·古斯（Alan Guth）提出了"暴胀"理论。就像在科学领域经常发生的那样，这个理论还有几个先驱，特别是苏联的亚历克斯·斯塔罗宾斯基（Alex Starobinski）和安德烈·林德（Andrei Linde）以及日本的佐藤胜本的理论。古斯的论点非常清楚，使大多数人相信这确实是一个至关重要的洞见。古斯在其著作《暴胀宇宙》（*The Inflationary Universe*）中讲述了这个想法浮现在自己脑海中时的"尤里卡[①]时刻"，以及活跃的理论物理学家是如何辩论和进一步发展这个想法

[①] "尤里卡"来自希腊文"Eureka"，意思是"我找到了"。传说阿基米德在洗澡的时候想出了判断皇冠含金量的方法，他激动地从浴室里奔出来，嘴里喊着："Eurek！ Eurek！"——编者注

的。当时作为一名正在一个过度拥挤的职业领域里寻求合适职位的年轻研究者，针对美国学术界的现状，古斯还坦率地从社会学的角度提出了自己的见解。

根据暴胀宇宙理论，宇宙之所以如此之大，引力和膨胀如此接近平衡的原因在于，在当时的可见宇宙还处于微观尺度的早期，发生了一些不寻常的事件。在当时拥有极高密度的环境中，"宇宙斥力"发挥着主导作用，λ 的值似乎非常巨大，压倒了普通的引力。膨胀由此挂上了"超速档"，导致加速失控，因此，胚胎宇宙开始暴胀变大，并变得均匀，从而在引力和动能之间建立了一种"精密调谐"的平衡。

所有这一切被假定发生在"大爆炸"后 10^{-35} 秒之内！当时普遍存在的条件远远超出了我们可用实验来测试的范围，因此所有细节都是推测的。尽管如此，我们仍然可以作出与其他物理理论一致的推测，以及与对后期宇宙的了解一致的推测。

暴胀理论背后的想法极具吸引力，因为它似乎表明了整个宇宙是如何从一颗微小的"种子"演化而来的。它之所以被认为是真实的，是因为暴胀是以指数级的速度进行的，它会翻倍，翻倍，再翻倍。数学公式通常不会产生巨大的数字，除非它们很长且很复杂。一个"适中"的数字生成一个巨大的数字（比如 10^{78}，即当前可见宇宙中原子的总数）的唯一自然方式是，使变化以"指数级"进行，它表示大小翻倍的次数。一个球体的半径每增加一倍，其体积就增加 8 倍（在普通的欧几里得空间中），而若想达到 10^{78} 这样的数字，只需要 100 次这样的翻倍。

　　这正是宇宙"暴胀"阶段发生的事情。当宇宙暴胀到足以容纳我们现在所看到的一切之后，导致暴胀的强烈排斥作用就消失了，转而开始了更加悠闲的膨胀。这一转变将原来"真空"中潜藏的巨大能量转化为普通能量，产生了原始火球的热量，并引发了我们更熟悉的膨胀过程，从而形成了现在的宇宙。

　　自从 30 多年前首次提出暴胀的概念以来，人们就一直对它进行着激烈的争论。根据对远远超出我们可直接研究范围的高压强、高密度等条件下物理现象的不同假设，暴胀经历了许多变体。但是，除非出现更好的理论，否则这个理论的总体构想肯定会保持其吸引力。目前，暴胀理论提供了唯一可信的解释：解释了为什么宇宙如此之大，如此均匀；还

解释了为什么宇宙会以如此快的速度膨胀，以至于膨胀到
100 亿光年的尺度。

我们能检验暴胀理论吗

如果起皱的表面以巨大的倍数拉伸，曲率则会减小，直
到察觉不到平滑的任何偏离时为止。我们用"平滑"来类比
宇宙中（负）引力能和（正）膨胀能之间的精确平衡，这
是对暴胀宇宙的最可靠的一般性预测。这个预测究竟是对
的吗？最简单的平滑宇宙是 Ω 的值恰好等于均衡值 1。第 5
章中提出的证据表明，原子和暗物质仅占构成临界密度物质
的 30%，这看上去让人有些沮丧。因此，理论家便热切地
抓住了膨胀正在加速的主张，因为这样一来，与数字 λ 相关
的能量就必须被加进来。当前的宇宙似乎确实是"平滑的"，
尽管我们当中更为谨慎的人可能会认为，最终结论尚未得
出，几年后才能出现定论。构成临界密度的"混合"物质中
有 4% 是原子，约 25% 是暗物质，其余是"真空"本身。

"平滑"的这种证据是比较令人鼓舞的，因为它至少激
励我们去寻求进一步的验证，尤其是那些可能揭示暴胀过

程中的细节的"征候"。大多数关于极早期宇宙的详细想法持续的时间都很短暂。对于宇宙最初 10^{-35} 秒内发生的情况，我们非常不确定，就像伽莫夫和其他先驱第一次探索宇宙元素的起源时，对"大爆炸"后 1 秒时的物理过程不确定一样。在一些重要方面，他们最初的想法是错误的，但在一二十年后得到了纠正，并奠定了坚实的基础。也许，我们可以寄希望于未来 10 年中超高能物理学与宇宙学的协同发展。

在氦元素最初形成的几分钟内，涉及了核聚变反应和原子碰撞，其过程可以通过实验重现。一方面，相比之下，在暴胀阶段，决定宇宙基本数字（如 Q）的过程太过极端，无法在地球上模拟，甚至在加速器中也无法模拟，这使挑战变得更加严峻。另一方面，这一事实为研究极早期宇宙提供了额外的动力，也可能为新的"大统一理论"提供了最有力的检验，因为极早期宇宙是唯一一个能量足够高的地方，可以使这些理论的独特效应显现出来。当天文学家试图理解宇宙现象时，他们通常会借助物理学家在实验室里获得的发现，而现在，他们可以通过发现一些新的物理过程来回报物理学家。事实上，这种例子已经出现，例如，中子星拓展了我们对高密度物质和强引力的认识。不过，最极端的现象是"大爆炸"本身。20 世纪 50 年代，宇宙学还处于物理学的主流之外，只有像伽莫夫这样的"怪人"才会关注。而现在，宇宙学问题引起了许多主流理论物理学家的兴趣。这无疑给了我们乐观的理由。

当宇宙的尺寸小于一个高尔夫球时，就会产生微观的"振动"，从而使它们膨胀得如此之大，以至于在整个宇宙中伸展开来，形成涟漪，最终会演变成星系和星系团。理论物理学家仍然没有证明暴胀模型能否"自然地"解释 Q 等于 10^{-5} 的原因，这个数值描述了这些涟漪的幅度特征。这说明，暴胀模型能否解释 Q 的值，取决于一些仍处于"实战检测"阶段的物理过程。不过，我们可以从中了解到一些细节，并排除一些选项，因为不同类型的暴胀理论会作出不同的预测。利用微波各向异性探测器和普朗克探测器的测量，以及对星系聚集方式的探测，我们将会获得有关暴胀阶段的线索，并揭示有关大统一理论中的物理过程的一些知识，这些知识无法直接从"普通"能级的实验中推断得出。

依据最终发展为星系和星系团的波动，人们认为暴胀会产生"引力波"，即空间结构本身的振动，并以光速交错传播于宇宙中。这种波碰到的物体会受到引力的作用，首先将其拉向一个方向，然后又拉向另一个方向。因此，它们会发生轻微的"摆动"。这种效应微乎其微，为引力波的探测带来了巨大的技术挑战。欧洲航天局的 LISA 项目（Last Interferomenric Space Array，即激光干涉空间阵列）计划在太阳周围的轨道上部署一组彼此相隔数百万千米的飞行器，它们之间的距离将由激光束监控，精确度达到百万分之一米。

LISA 的灵敏度可能也不足以察觉出这些原始时代的振动。不过，其他信号应该更容易被探测到，这对其设计者来说是一种安慰。例如，当两个黑洞相撞并合并时，就会产生强烈的引力波。我们希望此类事件不时发生。大多数星系的中心都有一个黑洞，其质量相当于数百万颗恒星的质量。经常有成对的星系发生碰撞和合并（我们看到许多这样的事件正在发生），每当此时，两个星系中心的黑洞就会一起螺旋上升并结合在一起。

因此，我们期望很快对暴胀时期进行经验性的探测。即使我们不知道适当的物理学，也可以计算出特定理论假设的定量结果（Q 的值和引力波等），然后将这些结果与观测结果进行比较，这样至少可以缩小可能性的范围。

"大爆炸"的其他遗迹

宇宙极早期的任何"化石"都至关重要，因为它们是弥补宇宙和微观世界之间的纽带。部分理论物理学家提出了一种有趣的可能性，磁单极子可能是从早期宇宙中遗留下来的，古斯的理论明显地表达了这个观点。法拉第和麦克斯韦证明了电和磁之间的密切关系。但是，正如他们清楚地认识到的那样，这两种力之间有一个关键区别：正电荷和负电荷可以单独存在，但磁的"北极"和"南极"似乎是不可分开的。磁体是偶极子（有两个磁极），而不是单极子（只有一个磁极）。如果我们切开一个偶极子，就永远不会得到两个单极子，而只是更小的两个偶极子。尽管进行了许多巧妙的搜索，但从来没有人捕获到过磁单极子。

现代理论认为，磁单极子可能存在，但其质量可能非常大（比质子重 1 000 万亿倍）。由于它们拥有巨大的质量，就需要大量的能量来制造它们——这种能量在早期宇宙中普遍存在，但在之后就不存在了。在现在的宇宙中，磁单极子非常少，因为磁场遍布星际空间，如果存在大量磁单极子，磁场就会"减少"。古斯对磁单极子的消失感到困惑，因为它们似乎不可避免地产生于宇宙早期。实际上，他的最佳猜测是，它们的总质量将比实际存在的暗物质的总质量大数百万倍。暴胀的一个重要结果（如果它发生在磁单极子形成之后）是，它将会稀释磁单极子，这便解释了它们当前缺失的原因。

磁单极子是空间中的一种"结"，用该领域的专业术语来说，它们是"拓扑缺陷"（topological defect）。实际上，更有趣的是线状缺陷，而非点状缺陷，也就是结成细管的空间区域，其厚度小于一个原子。它们要么像松紧带一样形成闭合的环，以接近光速的速度原地旋转，要么直接穿过宇宙。一些宇宙学家推测，这些空间上的缺陷可能是宇宙结构的种子，至少，它们促成了数字 Q 的产生。这一想法在 20世纪 90 年代早期引起了人们的兴趣，但后来被证明与之后绘制出来的星系聚集的细节不相符。但这些环可能仍然存在，而且它们的性质非常特殊，比如，虽然它们比原子还小，但质量却比原子的大，1 000 米长的质量相当于地球的质量。因此，天文学家应该尽一切努力发现它们。

微型黑洞是另一种源自"大爆炸"之后的可能遗留物。一个原子大小的黑洞的质量相当于一座山的质量。正如我们在第 3 章介绍的那样，这是数字 N 取较大值的一个直接结果：在原子尺度上，引力非常弱，无法战胜其他力，除非将 N 个原子的质量压缩到一个原子的体积中去。可以想象，极早期宇宙产生了促使它们出现的必要压力。尽管目前还没有什么办法产生这么大的内压力，但将来的某些高科技文明也许可以做到这一点。如果再结合下面这个推论，前景将特别迷人：一个黑洞内部可能会萌发出一个新的宇宙，然后暴胀成一个与我们的时空毫无关联的新时空（可能是无限的）。

宇宙是生于"无"吗

一个横跨 100 亿光年的宇宙（甚至可能比我们的视野还远）居然是从一个无限小的点中产生的，这似乎有违直觉。这一切之所以能够发生是因为，无论发生了多少次膨胀，宇宙的净能量始终为零。根据爱因斯坦著名的质能方程，一切物质都具有 mc^2 的能量。但由于引力，所有物质也都有负能量。我们需要能量来摆脱地球的引力——必须燃烧足够的火箭燃料，以达到 11.2 千米每秒的速度。因此，与太空中的宇航员相比，地球的人都存在能量不足的问题。然而，宇宙中所有物质加在一起所造成的能量"赤字"（专业名称为"引力势能"）在数值上可能等于负的mc^2。换句话说，宇宙本身就是一个"引力陷阱"，它是如此之深，以至于其中的所有物质都具有一个负的引力势能，正好抵消了它的静止质能。所以，宇宙暴胀的能量成本实际上为零。

宇宙学家有时声称，宇宙可以"生于无"。但他们应该注意自己的言辞，尤其是在同哲学家讲话时。自从爱因斯坦开始，我们已经认识到，即使空的空间也具有某种结构，可以被扭曲和变形，哪怕将空间缩小成一个"点"，它也蕴含着粒子和力，这仍然是一个比哲学家眼中的"无"丰富得多的结构。也许有一天，理论物理学家能够写出支配物理实体的基本方程。然而，物理学永远无法解释是什么"将火注入方程"，并在真实的宇宙中让它们变成实体。最根本的问题是：为什么存在有而非无呢？这仍然属于哲学家的思考范畴。即使是他们，也会像路德维希·维特根斯坦（Ludwig Wittgenstein）那样明智地回答："对于不能说的，我们必须保持沉默。"

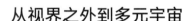

从视界之外到多元宇宙

第 7 章中所描绘的长期预测实际上是基于一个无法验证的假设，即我们视界之外的宇宙区域与我们所看到的区域是相似的。如果你身在海洋中心，就不能指望陆地正好处于自己的视界以内，但你知道海洋并非没有尽头，终会有一块大陆出现在其边界。同样，我们可能会错误地认为，宇宙是无限地均匀延伸的，是无边无际的。实际上，我们可能生活在一个低密度的气泡中，它大到远远超出了我们的视野，但被一个更大的区域包围，不过该区域最终会在我们头顶上空坍缩。如果真是这样，当我们遥远的后代发现高密度物质出现在他们的视线中时，就会修正永久膨胀的"预测"。一方面，在刚刚超出我们视界的地方是不大可能发生剧烈变化的；另一方面，我们也没有外推到无穷远的可靠保证。

暴胀理论最重要的意义是，它极大地扩展了我们对宇宙的了解。若想解释我们所看到的宇宙，必须有足够的暴胀，才能解释清楚出现在望远镜观测范围内的 10^{78} 个原子。但这只是一个最小量。一旦暴胀开始，可能要花很长时间才能停止（理论物理学家将其称为暴胀的"优雅退出"问题）。事实上，暴胀理论的大多数版本都表明，"翻倍"的次数应该远远超过我们解释可见宇宙时所需的次数。在第 1 章，我们设想了一系列关于宇宙的景象，每一个景象的观测点都比前一个远 10 倍。从日常的人类尺度开始，第 25 个镜头将我们带到了当前视野的极限。从本质上来说，这个极限是由光在第一个星系形成后的约 100 亿年的时间里能够传播多远决定的。然而，暴胀理论者设想的宇宙要大得多，达到任何"边缘"都需要数百万个镜头，而且每次观测距离都要增加 10 倍。如此浩瀚的空间（至少对我来说）是我们无法把握的。相比于从视界到宇宙边界这种飞跃，从微观尺度向视界尺度的跳跃简直不值一提。虽然时空不是无限的，但它远远超出了我们的视界。光从"边缘"到达我们之前的时间就是以年为单位的数字，其之后有不少于 100 个零，甚至有数百万个零。

　　然而，这还不是全部。即使这个巨大的宇宙的范围需要一个百万级别的数字来表达，但它可能也不是宇宙的全部，而仅仅是一次暴胀的结果，或者只是一个暴胀插曲，但这个插曲（"大爆炸"中的一个插曲）本身可能只是无穷尽的"合奏曲"中的一个片段。事实上，这是"永恒暴胀"理论的自然结果，俄罗斯宇宙学家安德烈·林德尤其支持该理论。根据这种情况，我们需要对极端密度下的物理过程作出特定的假设，即宇宙可能有一个无限的过去。那些暴胀永不结束的区域总是增大得更快，足以为其他"大爆炸"提供种子。这些推测还有不同的版本，比如，其中一段暴胀可能会在黑洞内被触发，创造出与我们的时空分离的新领域。

　　在此，请让我对"宇宙"一词作一个语义说明。"宇宙"的正确定义是"万物皆有"。我在本章论证的是，传统上被称为"宇宙"的实体，也就是天文学家所研究的东西，或者"大爆炸"的后果，可能只是整体中的一个部分，即整个合奏曲中的一个部分，每个部分都有可能源自各自的"大爆炸"。学究们可能更愿意将这个整体重新定义为"宇宙"，但我认为，保留"宇宙"的传统定义有助于减少混淆。因此，我们需要一个新词来代表整个"宇宙"，那就是"多元宇宙"。我将在第 11 章回到"多元宇宙"这个概念上来。

JUST SIX NUMBERS

10

数字 *D*：三维及更多维

地球轨道是衡量一切的尺度，而三维的空间和一维的
时间是我们衡量地球世界的尺度。

　　地球轨道是衡量一切的尺度；与它外切的是一个十二面体，而与十二面体内接的圆周是火星轨道；与火星轨道外切的是一个四面体，而与这个四面体内接的圆周就是木星的轨道；与木星外切的是一个立方体，而与这个立方体内接的圆周是土星的轨道。与地球轨道内切的是一个二十面体，而与这个二十面体内接的圆周是金星的轨道；与金星轨道内切的是一个八面体，而与这个八面体内接的圆周是水星的轨道。这就是行星的数目为六[①]的原因。

——约翰尼斯·开普勒

为什么 *D*=3 是特殊的

　　我们的空间是三维的，其中有点（零维）、线（一维）、面（二维）和体（三维）。不过，就只有这么多维度了，即使我们可以从数学上想象出一个维度更多的空间。数字"3"

[①] 太阳系中有八大行星，但在开普勒所在的 17 世纪，人们只发现了六颗行星。——编者注

有什么特别之处呢？从古典时期起，几何学家就注意到了不同维度的有趣特征。例如，在二维空间中，我们可以画一个等边数任意的正多边形（如等边三角形、正方形、正五边形、正六边形等），但在三维空间中，只有 5 种柏拉图式的"正多面体"，所有的边和角度都是相等的。四维空间中有 6 种这样的立体，而在更高的维度空间中则只有 3 种。

在三维世界中，诸如引力和电力等力皆遵循平方反比定律，即如果你走 2 倍远，来自物质或电荷产生的力就减弱至 1/4。迈克尔·法拉第在其开创性的电学研究中，用一种图形化的方式解释了这一点。他设想"力线"产生自每个电荷或物质中，力的强度取决于这些线的集中程度。在距离 r 处，这些力线分布在一个与 r^2 成正比的面积上；在更大的距离上，力被稀释了，其强度与 r^2 成反比。然而，一个四维"球体"的面积将与 r^3 成正比，即如果 r 增加一倍，其面积将增加 8 倍，而不是 4 倍。如此，法拉第的论证得出的是一个立方反比定律。

正如牛顿认识到的那样，行星的轨迹是由引力效应和行星运动的离心效应之间的平衡控制的。太阳系的轨道是稳定的，从这个意义上来说，行星速度的微小变化只会略微扰动自身的轨道。但是，如果引力遵循的是立方反比定律而不是平方反比定律，那么这种稳定性就会丧失。如果行星的运行速度减慢，哪怕只是稍微减慢一点点儿，它就会以更快的速度坠入太阳，而不仅仅是进入一个稍微小一点儿的轨道上运行，因为立方反比的力在靠近太阳系中心的过程中会急剧增强；相反，如果行星轨道的运动稍微加速，它就会迅速地向太阳系外旋转而陷入黑暗。

18 世纪的英国神学家威廉·佩利（William Paley）有一个著名的论点：宇宙的外观设计意味着存在一名设计师，正如手表意味着存在一名钟表匠。佩利在剑桥大学受过良好的数学训练，能够理解平方反比定律的这一神秘特性，并将其作为一个有力的论据纳入他为一位仁慈的创造者进行的辩论中。他的其他"设计者"的证据大多来自生物学领域，但在后达尔文时代，这些证据受到了质疑，甚至连神学家都不相信。因为，眼睛、手等人体器官令人印象深刻的适应性是自然选择的结果，是活器官与其环境共生的结果。现在看来，佩利关于平方反比定律的温和观点是他最有力的观点之一：自然界没有机会选择一条受人喜爱的力的定律，也没有任何东西可以反作用于宇宙，使它作出任何改变。20 世纪初，人们认识到，原子是由带正电的原子核和核外轨道上运动的电子组成的。可惜佩利的文章写于此前的一个多世纪，否则，他本可以指出，出于类似的原因，原子不可能存在于受立方反比定律统治的宇宙中，因为那里没有稳定的电子轨道。

因此，空间维度超过三确实会产生一些问题。那么，我们能生活在一个少于三个维度的世界吗？最好的论证也非常简单：在"扁平地带"或者任何二维平面中，复杂结构都有其固有的局限性。一个复杂的网络不可能没有交叉的导线，也不可能没有任何一个体内有管道（例如消化道）穿过而不被一分为二的物体。在一维的"线性区域"中，范围更为狭窄。

当我们发现自己生活在三维空间中时，之所以不应该感到惊讶，这些仅仅是最显而易见的原因，数学家还发现了其他原因。

时间与时间箭头

时间是我们所感受到的第四个维度。当我们确定一个事件时，需要四个数字：三个空间坐标来描述事件发生的地点，第四个坐标说明事件发生的时间。正如一位荒诞派的作家所言："时间是自然界阻止事件同时发生的方式。"换句话说，事件是沿着以时钟的滴答声为里程碑的路线展开的。时间与其他三个维度是不同的，因为我们似乎只被拖着往一个方向移动或前进，而在其他三个维度中，我们可以朝任何一个方向移动（东或西、北或南、上或下）。因此，我们最好称宇宙为"3+1"维的空间。爱因斯坦告诉我们，空间和时间之间存在联系，时间流逝的速度是有"弹性的"，它取决于时钟是如何移动的，以及时钟是否在一个大质量物体附近。不过，爱因斯坦的思想保留了时间和空间之间的区别，也就是对空间中的东西与处于过去和未来的东西进行了区分。

"时间的箭头"从过去一直指向未来。如果将一部记录日常事件的电影倒转过来看，就会显得荒诞和异常：因果颠倒，这就好比破碎的玻璃碎片和一滴滴的液体会自动聚合在一起组成一杯酒；或者，汇集在水壶上的蒸汽会凝结成水。在马丁·阿米斯（Martin Amis）颇具讽刺意味的关于倒转时间的小说《时间之箭》（*Time's Arrow*）中，有过这么一个场景：纽约的出租车"先付给你足够的车费，什么也不问……也不说明我们为什么站在那里，在几个小时之后，最终挥手告别，或者致敬如此好的服务"。

过去和未来的不对称性在我们的经验中是如此根深蒂固，以至于除了一些关心哲学的物理学家外，很少有人会思考它带来的难题。令人困惑的是，微观世界的基本规律中并没有这种不对称性。尽管基本规律在过去和未来并没有不同，但世界的变化是不可逆转的。无论正放还是倒放，一段反映两个彩色球之间的一次碰撞的影片看起来或多或少都是一样的。不过，当放映开始之后，碰撞的整个形式会清楚地显示出时间的箭头。同样，我们的世界似乎也是按照一种特殊的方式建立起来的。

我们虽然被困在时间之中，但可以从"时间之外"的想象视角来获得更清晰的洞察力，就像库尔特·冯内古特（Kurt Vonnegut）所著的《太阳神的海妖们》（Sirens of Titan）中的生物，它们将人类视为"巨大的千足虫，一端长满婴儿的腿，另一端长满老人的腿"。按照这样的想象，宇宙将是一个静态的四维实体（块状宇宙），日常物体的"世界线"在一端（我们称之为未来）将会比在另一端（我们称之为过去）更加混乱。不过，更难以解释的是为何会出现"有序"的状态。如果一条长弦的一端被编织成一个不同寻常的图案，无论是在左边还是在右边，我们都会同样感到吃惊。同样，在一个"块状宇宙"中，未来似乎与过去存在于同样的基础之上，无论是在开端还是在终端找到秩序，都一样令人困惑。

当我们说宇宙正在膨胀时，实际上就是给时间预设了一个箭头，就是假定可以对一部电影的画面或者"块状宇宙"中的三维切片进行排序，使宇宙在被我们设定为"未来"的时间里更加分散。

时间的不对称性可能与宇宙的膨胀有关。事实上，我已经在第8章阐述过，在宇宙的膨胀过程中，引力是如何增强任何初始密度的反差，使结构从一个几乎毫无特征的火球中浮现出来。在宇宙的早期阶段，这种不对称性不会出现在任何局部测量中，因为那时密度非常高，以至于微观过程，也就是粒子之间的碰撞、光子的发射和吸收等，会比膨胀速度发生得更快。每时每刻，一切都处于平衡状态。物质不会保留任何"记忆"，无论它以前是更密集还是更稀疏，也不会带有时间方向的印记。然而，当宇宙被稀释得更稀疏时，这些微观过程就会变慢，而膨胀就会产生至关重要的影响。

如果宇宙长期保持在 10 亿摄氏度的温度，或者核聚变反应发生得越来越快，那么所有的原子可能都会被加工成铁。幸运的是，膨胀的速度足够快，核聚变反应在将23%的氢转化为氦之前，就停了下来。这个例子恰恰说明，宇宙膨胀是如何导致了平衡的偏离，因此膨胀的宇宙中所发生的事情与坍缩的宇宙中所发生的事情是不同的。

正如安德烈·萨哈罗夫首先指出的那样，我们的存在依赖于一种不可逆的效应，这种效应在宇宙更早的阶段使物质多于反物质。如果不是这样，所有的物质都已被等量的反物质湮灭，宇宙中将不会有一个原子，这样就不会有恒星形成，更不会有化学过程来产生复杂的结构。

关于时间，仍然存在很多谜团，人们对此完全没有达成共识。物理学家朱利安·巴伯曾对专家进行了一项非正式的调查，调查的问题是："你认为时间真的是一个基本概念吗？或者它能否从更基本的概念中推导出来（这与从一个物体组成原子的运动中推导出温度的高低非常相似）？"对此，各方的反应比例相当接近。对于时间最终会被更深层次的东西解释这一观点，持赞成态度的人略多于持反对态度的人。

大尺度上存在卷起的维度吗

空间和时间一定具有某种复杂的结构。我们知道，空间被黑洞刺穿（银河系中有数百万个黑洞，其他星系的中心甚至有更大的黑洞），而在黑洞中，时间和空间交织在一起。不过，这些复杂性仅限于宇宙学视角下的"局部"区域。在比超星系团更大的尺度上，宇宙是近乎均匀的。这表明，在我们目前的视界尺度上，空间的几何结构是平滑而简单的。宇宙微波背景辐射在整个太空中几乎具有相同的温度，这一事实也显示了宇宙的平滑特性。

有数学倾向的宇宙学家想要知道这种简单性是不是一种错觉。他们认为，也许我们一次又一次地看到的空间景象可能是同一个区域的重复，就像在布满镜子的大厅或万花筒里看到的景象一样，空间也许是被"卷起"的或具有某种细胞结构。如果我们确实存在于这种奇怪的宇宙中，那么那些细胞结构至少必须是我们视界距离的百分之几，换句话说，细胞结构的大小超过几亿光年。我们之所以知道这一点，是因为如果这些细胞结构更小，那么像处女星系团那样独特的结构就会被重复地看到。此外，通过测量天空中宇宙微波背景辐射温度的微小不均匀性，我们得到了一个更有力的证据，因为这种不均匀性并不存在重复的特征。因此，我们现在可以排除任何比我们的视界小得多的细胞结构。

在有限的光速所形成的视界之外，我们很少获得观测结果。在远远超过 100 亿光年的尺度上，空间可能是以一种复杂的方式卷起来的，甚至维度数也发生了改变。然而，对于任何望远镜所能观测到的范围以外的情况，我们只能得到间接的暗示。

那么，超小尺度上的情况又当如何呢？在这种情况下，我们的简单理论肯定会崩溃。实际上，我们可能需要抱定一些非常复杂的观点，包括额外的维度，以便正确地理解粒子、力和宇宙常数。

时间和空间的微观结构：量子引力

我们已经花了一个世纪的时间来习惯：普通物质，即固体、液体和气体，具有离散的原子或分子结构。时间和空间本身会有粒子性吗？空间似乎是一个平滑的连续体，但这只是因为我们的经验都太"粗糙"，即便最复杂的实验也无法探测到这种结构所具有的非常精细的尺度。

　　虽然我们不知道空间和时间的微观结构的具体细节，但常识告诉我们，它们不能被切割成任意小的碎片。精细尺度上的细节只能通过波长更小的辐射来探测。例如，建筑物不会挡住波长为几米的无线电波，但会在阳光中投射出清晰的影子。光由百万分之一米长的光波组成，比这更小的光波无法用普通光学显微镜观测到。若想探测更清晰的细节，我们需要更短的波长或者借助其他一些技术，比如电子显微镜等。然而，根据量子理论，越短的波长来自能量更高的量子或"能量包"。

　　能量的基本量子用普朗克常数来描述，普朗克常数是以伟大的物理学家马克斯·普朗克（Max Planck）的名字命名的，他在一个世纪前率先提出了"量子化"的概念。在一定程度上，我们可以通过使用能量越来越高的量子来探测更精细的结构，对应的波长也越来越短。不过，这里存在一个限度。因为当所需量子的能量达到一个极端时，它们就会坍缩成黑洞。在大小约为质子的 $1/10^{19}$ 的"普朗克长度"上，就会出现这种情况；具有这种微小波长的量子所携带的能量相当于 10^{19} 个质子的静止质能。光通过这个距离大约需

要 10^{-43} 秒，而这个"普朗克时间"是迄今为止可以测量到的最短的时间间隔。因此，即使是空间和时间也会受到量子效应的影响。然而，与电力起控制作用的普通原子的情形相比，由于引力非常弱，时间和空间里出现量子效应的尺度将小得多，这是宇宙常数 N 取巨大值的结果。

有些理论家比另一些更偏爱推测。不过，即使最大胆的物理学家也承认"普朗克尺度"是一个极限。我们无法测量小于普朗克长度的距离；当两个事件之间的时间间隔小于普朗克时间时，我们就无法区分这两个事件，或者判断出哪个先发生。这些尺度小于原子的程度就像原子小于恒星的尺度。在这一领域，不能指望进行任何直接的测量：它需要的粒子能量比实验室中所能达到的能量要高出 1000 万亿倍。

20 世纪，科学的两大支柱是：在微观世界起重要作用的量子力学和爱因斯坦的引力理论，后者不包含量子概念。目前为止，我们没有一个统一的框架来协调和统一它们。不过，这种缺失并不妨碍地球科学的进步，也不妨碍天文学的进展，因为大多数现象要么涉及量子效应，要么涉及引力，但不是两者都涉及。由于数字 N 的巨大取值，在原子或分子的微观世界里，引力是可以忽略不计的，而量子效应起着关键的作用；相反，在由行星、恒星和星系等天体领域中，引力起支配作用，量子的不确定性则可以忽略不计。然而，在宇宙的起始阶段，量子振动可以撼动整个宇宙；相反，引力只在单个量子尺度上显得重要，这些发生在 10^{-43} 秒内，也就是普朗克时间以内。若想理解"大爆炸"后的最早瞬间，或者了解黑洞内"奇点"附近的空间和时间，我们需要量子理论和引力的统一。

在黑洞附近，当速度接近光速时，我们的普通常识毫无用处。在宇宙早期的极端条件下，以及接近普朗克长度的微观尺度上，情况也是如此。因此，我们必须抛弃对空间和时间的常识性观念。在如此微小的尺度上，黑洞可能会出现也可能会消失；时空可能是一种混沌的泡沫状结构，没有明确的时间箭头；波动可能产生新的领域，最终演变成独立的宇宙；空间也可能具有一种晶格结构，或者像链条一样贯穿起来；时间可能会变得像空间一样，以至于在某种意义上来说也没有开端。

量子引力仅有的另一个舞台是黑洞内部中心的奇点，它隐蔽在视界以内。如果一种理论只能在如此奇异和难以接近的领域才能显示出其结果，那我们就很难检验它。若想这种理论被认真对待，要么严格地将它纳入某种可以用许多其他方式加以检验的包罗万象的理论中，要么它必须具有独特的必然性。

目前科学家正在采取几种不同的方法进行探索，但对于哪种方法是正确的，他们还没有达成共识。史蒂芬·霍金曾"打赌"，一个统一的理论将在 20 年内出现，尽管他承认，他已经输掉了 20 年前所打的一个类似的赌，并还清了赌账！最雄心勃勃和鼓舞人心的方法似乎是超弦理论，它直接跳到了所有力的统一理论，而量子引力理论只是它的一个副产品。

超弦理论

超弦理论的支持者声称，该理论可以将支配微观世界的这三种力结合在一起，它们分别是电磁力、强相互作用力和弱相互作用力，同时还可以解释基本粒子，比如夸克、胶子等。引力实际上是这一理论的一个重要组成部分，而不仅是一个额外的复杂因素。超弦理论的关键思想是，宇宙中的基本实体不是点，而是一些非常微小的弦环，不同的亚核粒子是这些弦的不同振动状态，也就是不同的谐波（和弦）。这些弦的尺度为普朗克长度，换句话说，它们比我们实际能探测到的尺度小很多。此外，这些弦不是在我们通常的"3+1"维空间中振动，而是在十维空间中振动。

额外维度的观点并不新鲜。20 世纪 20 年代，西奥多·卡鲁扎（Theodor Kaluza）和奥斯卡·克莱因（Oskar Klein）试图扩展爱因斯坦的时空理论，以便将电力包括在内。通过在普通空间的每个点上都加上额外的结构，他们试图想象电场和带电粒子的运动。这个额外的维度是在一个微小的尺度上"卷缩"起来的，它并没有向我们展示自己，而是像一张纸一样紧紧地卷成一条，看起来就像一条一维的线，即使它实际上是一个二维曲面。卡鲁扎－克莱因理论后来出现了种种问题，但额外维度的概念最近获得了戏剧性的复兴。在超弦理论中，普通空间中的每一个"点"都是一个复杂的六维几何结构，但以普朗克长度的尺度卷缩在一起。

所有的物理理论都包含方程式和公式，非专业人士难以理解其中的技术细节，但幸运的是，其关键思想不会因此变得难以理解。不过，一般来说，数学类的问题总是率先得到解决，物理学家可以"从书架上"得到这些数学规律并加以应用。例如，爱因斯坦在其"弯曲的时空"理论中使用的几何概念都是在 19 世纪发展起来的，用来描述量子世界的数学语言也是如此。不过，超弦理论提出的问题仍然困扰着数学家。例如，为什么一个宇宙最终会有四个"膨胀"的维度（时间，加上三个空间维度），而不是某个不同数目的维度呢？宇宙的本质以及支配它的力量，将取决于额外维度卷缩起来的方式。这是如何发生的，是否存在许多不同的途径呢？

　　20 世纪 80 年代，超弦理论第一次激发了人们的热情，尽管这些想法可以追溯到更早的几十年前。从那以后，这种理论耗费了大批杰出数学物理学家的努力。最初的过度盛行之后是一段令人沮丧的时期，因为该理论的复杂性令人困惑。不过，自 1995 年以来，超弦理论有了"第二春"。现在人们已经认识到，额外维度可以卷缩成 5 种不同的六维空间。在更深的数学层面上，这些维度空间可能是独立的，但其相关的结构可以被嵌入十一维空间。此外，弦（一维实体）的概念可以扩展应用到二维表面（薄膜）上。事实上，十维空间中可以存在更高维度的表面，换句话说，如果一个二维表面被称为二维膜，那么也可以有三维膜，等等。然而，十维弦理论错综复杂的性质和我们所能观察到或测量到的任何现象之间仍然存在着一条不可逾越的鸿沟。

　　曾经有先例表明，即使没有直接的经验支持，有些理论也会得到认真对待，尤其在那些理论表现出独特的"优雅性"或"正确性"的情况下，这种响亮的真理之声，迫使人信服。例如，20 世纪 20 年代的许多物理学家都接受爱因斯坦的广义相对论，因为它在概念上极具吸引力。这一理论已经通过精确的观测被证实了，但在早期，证据很少。爱因斯坦本人对自己理论的优雅印象比任何实验都要深刻。同样，在当今时代，公认的数学物理学知识领袖爱德华·威滕（Edward Witten）曾说过："错误的好理论极其罕见，而能够与弦理论的庄严威仪相媲美的错误的好理论至今尚未出现。"

　　尽管如此，我们之所以对超弦理论持乐观态度，还存在非美学方面的特殊原因。首先，爱因斯坦的广义相对论将引力解释为四维时空中的曲率，这一理论不可避免地被纳入超弦理论中。因此，我们长期寻求的引力和量子原理之间的统一应该会自然而然地出现。

　　这个理论加深了我们对黑洞的理解。这里的故事可以追溯到 20 世纪 70 年代初，当时在普林斯顿大学工作的以色列物理学家雅各布·贝肯斯坦正在思考这样的问题：人们最近发现，黑洞是规范化的天体（如第 3 章所述），这一事实会产生什么后果。这意味着他们完全忘记了黑洞是如何形成的。致使黑洞形成的方式似乎有无数种。从理论上来说，岩石、行星、气体，甚至宇宙飞船都有可能落入黑洞，但这段历史的所有痕迹都已被抹平。贝肯斯坦指出，这就像两种气体混合时出现的"熵增"现象：许多不同的初始状态会导致完全相同的最终结果，难以区分。信息的丢失对应熵的增加，因此贝肯斯坦推测，黑洞可能具有一个熵，用它可以计算出黑洞形成方式的数目。如果贝肯斯坦是对的，那么黑洞也会有温度，当霍金计算出黑洞并非完全是黑暗的，而是会发出辐射时，他的想法就有了更坚实的基础。在天文学家发现的黑洞中，这种辐射太过微弱，无法被测量到，但如果原子大小的"微型黑洞"确实存在，这种辐射可能会很重要。

超弦理论，这种在普朗克尺度上描述空间结构的理论引出了一个新的观点。1996 年，美国理论物理学家安德鲁·斯托明格（Andrew Strominger）展示了如何将黑洞（尽管是一种特殊类型的黑洞）想象成由弦尺度元素"构建"起来的天体。他认为，这些微小的"砖块"可以用不同的"排列"方式构成同一个黑洞，并指出了计算这些"排列"方式的数目的方法，以构成相同的黑洞。他与贝肯斯坦和霍金计算出的熵值完全吻合。虽然这不是一个经验性的论据，但它增强了我们对该理论的信心，因为它证实了一个基于更传统物理学的计算，并加深了我们对黑洞神秘特征的了解。

另一种希望是，超弦理论可以为我们理解量子概念提供新的视角，尽管目前这一观点争议较大，基础也不太牢固。理查德·费曼说过："没有人真正懂得量子力学。"它的有效性令人惊异，大多数科学家几乎都在不假思索地应用它。不过，它也有"怪异"的一面，从爱因斯坦开始的许多思想家都难以接受，直到现在，我们还不敢说对该理论有了透彻的理解。

我们虽然不能直接探测普朗克尺度，但确实观察到了物理世界的某些特征，例如，微观世界中存在三种基本力，并了解了粒子的特定类型等，这些特征可能会使超弦理论"突然获胜"，正如当初爱因斯坦的引力理论。如果真是这样，我们肯定会对该理论的整个数学结构更有信心。正如下一章我们将讨论的，超弦理论可能会提供一个关于多元宇宙的包罗万象的理论。

JUST
SIX
NUMBERS

11

巧合、天意，还是多元宇宙

在宇宙中，错综复杂的性质是由简单的定律发展而来的，但我们不能保证简单的定律就能产生复杂的结果。而当前的宇宙是六个数精密调谐呈现的结果。

在宗教上，我倾向于自然神论，但认为其证明
主要是一个天体物理学问题。创造宇宙的宇宙之神
的存在（正如自然神论所设想的那样）是可能的，
并最终会被证明其存在，也许是通过现在尚未想到
的某些形式的物质证据。

——爱德华·威尔逊（E. O. Wilson）

精密调谐意味着什么

在宇宙中，错综复杂的性质是由简单的定律发展而来
的，但我们不能保证简单的定律就能产生复杂的结果。事
实上，我们已经看到，对宇宙中六个数的不同选择将可能
导致一个乏味或贫瘠的宇宙。类似地，数学公式本可以蕴
涵非常丰富的含义，但通常它们没有。例如，曼德布罗特
（Mandelbrot）阵的复杂结构虽然层出不穷，却可以用一个

简短的算式概括（图 11-1）。然而，其他表面上看起来相似的算式却会产生非常单调的图形。

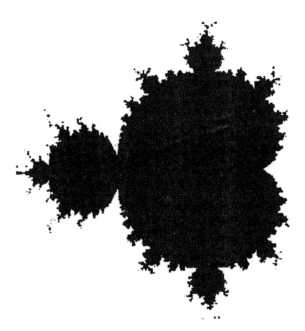

图 11-1　曼德布罗特阵的复杂结构

这个无限复杂的图案虽然包含了一层又一层错综复杂的结构，但可以用一种简短的算式进行解释。许多其他看上去类似的算式只能描画出单调乏味和毫无特色的图形。宇宙受各种各样的定律支配，这些定律会产生各种各样的结果

　　对于六个数所显示出的精密调谐，科学界持多种不同的观点。一种冷静的观点是，如果这些数字没有以适当的"特殊"方式进行调谐，我们就不可能存在，但显然，我们就在这里，因此没有什么可惊讶的。许多科学家都持这种观点，但这不能让我满意。加拿大哲学家约翰·莱斯利（John Leslie）的一个比喻给我留下了深刻的印象。假设你面对的是一个行刑队，其中50名神枪手都瞄准了你，但都没有射中。如果不是他们都没有射中，你就不会幸存下来并思考发生的问题了。然而，你也不会就此罢休，你仍然会对此困惑不已，然后会进一步为自己的好运寻找更多的理由。

　　另一些人将这六个数的调谐作为仁慈的造物主存在的证据。造物主特意创造了一个宇宙，以创造人类，或者从不那么以人为中心的角度来说，允许错综的复杂性展开。这是威廉·佩利这一类人的传统观点，他们通过所谓"来自设计的论证"来宣扬上帝的存在。这种观点的变体现在正受到诸如约翰·珀金霍恩（John Polkinghorne）等著名科学家和神学家的拥护。珀金霍恩写道："宇宙不仅仅是'任意一个古老的世界'，而是为了生命的存在而精细调谐的结果，宇宙是造物主的创造，造物主希望它是这样的。"

如果你不接受"天意"这一论点，那么还有另一种观点，尽管仍是猜测性的，但我认为它极具吸引力。这种观点便是，宇宙"大爆炸"发生了可能不止一次。不同的宇宙可能以不同的方式冷却下来，最终由不同的定律支配，由不同的数字定义。这可能看起来不是一个"经济的"假说。实际上，没有什么比调谐多个宇宙更奢侈的了，但这却是一些理论的自然推论（尽管是推测性的），它为我们打开了一个新的视野，即宇宙只是一个从无限多的宇宙中挑选出来的"原子"。

多元宇宙

有些人可能倾向于将多元宇宙假说斥之为"形而上学"。从物理学家的观点来看，这完全是一种贬斥。我认为，多元宇宙确实属于科学的范畴，尽管它只是一个暂时的假说。这是因为，我们已经能够规划出必须解决哪些问题，以便使它具有更可靠的基础。更重要的是，因为任何好的科学理论都很容易遭到驳斥，我们可以提前设想出一些可能会排斥这个假说的趋势。

当然，最主要的障碍是，我们对"大爆炸"后最初时刻的极端物理过程仍然不甚了解。我们有充分的理由将暴胀当作膨胀宇宙的一种可信解释。这个理论最确定和最普遍的一个预测是，宇宙应该是"扁平的"。这一预测似乎已经得到了最新数据的证明，尽管这些数据的形式不是最简单的。决定"扁平性"的因素有三个——原子、暗物质和真空能量 λ。宇宙膨胀的实际细节取决于最初 10^{-35} 秒时起主导作用的物理定律，此时的条件非常极端，远远超出了我们可以直接测量的范围。不过，有两种方法可以确定这些极端条件究竟如何。首先，极早期宇宙可能在当前的宇宙中留下了明显的"化石"。例如，暴胀过程中出现的微观尺度上的波动为星系团和超星系团的形成播下了"种子"，天文学家现在就可以对它们的具体性质展开研究，掌握有关线索，以探索"播下"这些种子时起主导作用的奇异的物理过程。其次，一个统一的理论或许可以为我们理解微观世界那些还不确定的神秘之处提供新视角，例如，各种类型的亚原子粒子（夸克、胶子等）及其行为方式等，以赢得信赖。这样，我们就有信心将这一理论应用于暴胀时期。

上述两个方向的进展可能会带来一种对极早期宇宙物理学现象的可靠描述。这样，计算机就可以模拟宇宙是如何从微观尺度中形成的。我们在前文已经计算过，在膨胀开始后的最初几分钟，氦和氘是如何形成的（第5章），还计算过星系和星系团是如何从微小的波动中产生的（第8章）。有了上述的进步之后，我们对宇宙形成方式的模拟将会变得同样可信。

安德烈·林德和其他一些研究者已经模拟了一些"多元宇宙"，但在写这本书的时候，他们输入的理论非常随意，许多推测性的选项似乎是开放性的，我们没有办法判别和做出选择。关于"永恒膨胀"的研究（第9章）引出了一系列假说，与我们所知道的其他一切相一致；同时，还引出了多元宇宙假说，这些宇宙各自从单独的"大爆炸"中诞生，并最终演变成彼此分离的时空区域。这些宇宙永远不会被直接观测到，即使从原则上来讲也是如此，我们甚至无法确定，它们究竟存在于宇宙之前、之后，还是同时。然而，如果输入的理论能够预测出多元宇宙，并能为我们观测到的现象提供令人信服的解释，并得到"实战检验"，那么我们就应该相信其他（不可观测的）宇宙的存在，就如同相信目前的理论所预测的：原子内部的夸克或黑洞内部存在卷缩区域。

如果确实存在多元宇宙，那么接下来的问题便是：它们究竟有多少种不同的类型？这个答案依然取决于比我们目前所了解的更深、更统一的物理定律的特性。也许某种"最终理论"会为宇宙的六个数提供独特的表达公式。如果是这样，即使存在许多宇宙，它们本质上只是当前宇宙的复制品，与单一宇宙作为全部现实世界的情况没有什么区别，而那种明显的调谐将仍然是一个谜。我们仍然感到困惑的是，为什么在"大爆炸"的极端条件下会确定这样一组数字，其取值恰好位于这样一个狭窄的范围内，为 100 亿年后的宇宙带来如此有趣的结果。

不过，还有另外一种可能性。适用于整个多元宇宙的基本定律可能很宽松。每个宇宙都可能以各自独特的方式演化，决定其特征的是一组不同于塑造当前宇宙的关键数字。我们习惯于将地球上的偶然事件都解释为"历史的偶然"，比如，为什么会有一座特定的山，甚至对太空中的一些特征也作如是观，比如星云和星系的形状。尽管我们不怀疑它们是某些基本规律的结果，但无法更深入地解释这些事件。在很大程度上，力的强度和基本粒子的质量（包括 Ω、Q 和 λ）可以成为支配整个多元宇宙的最终理论（可能是超弦理论的一个版本）的次要结果。

我们可以用"相变"做一个类比，诸如我们熟悉的水变成冰的现象等。当某一特定宇宙的暴胀阶段结束时，空间本身（真空）经历了剧烈的变化。随着温度的下降，基本力（引力、核力和电磁力）都"冻结成型"，并以一种可以被认为"偶然"的方式决定了数字 N 和 ε 的值，就像水结成冰时出现的结晶形状一样。当宇宙处于微观尺度时，由量子涨落决定的数字 Q 的取值也可能取决于这些相变是如何发生的。

有些宇宙可能表现出不同的维度，这取决于最初的九维空间收缩或者延展了多少。即使在三维空间中，也可能存在不同的微观物理现象，可能存在不同的 λ 值，这取决于六维空间的类型，而其他维度都蜷缩其中。有些宇宙可能有不同的 Ω 值（Ω 决定了这些宇宙的密度，以及它们的"周期"会持续多久，如果它们重新崩溃的话）和 Q 值（它决定了宇宙的平滑程度，因此决定了宇宙中会出现什么样的结构）。在某些宇宙中，引力也许完全被"真空能量"（λ）的斥力压倒，以至于无法形成星系或恒星。或者核力可能会超出 ε 接近 0.007[1] 的范围，最终碳和氧无法在恒星中合成并保持稳定，这样就没有元素周期表中的元素，也没有化学物质。

---

[1] ε 接近 0.007 的范围使碳和氧等元素保持稳定，并在恒星中合成。

有些宇宙的寿命可能非常短暂，在它们的整个生命中，其密度非常大，以至于各处温度都相同的情况下，所有的一切都处于接近平衡的状态。

还有一些宇宙可能太小、太简单，根本容不下任何复杂的结构。宇宙中的巨大数字 N 后面有 36 个零，其大小反映了引力的强弱程度：在引力作用变得重要之前，大量的粒子必须聚集在一起，例如，在恒星中就是如此（恒星可以被看成是受引力束缚的聚变反应堆）。数字 N 取超大值的一个直接结果是：恒星的寿命变得非常长，这使光合作用和演化过程有足够的时间在某颗合适的行星上展开。在第 3 章，我们设想了一种宇宙，其中 N 的取值没有 10^{36} 那么大，其他一切（包括其他 5 个数）都保持不变。恒星和行星仍然可以存在，但它们会变得更小，演化得更快。它们没有足够的演化时间，引力会粉碎任何大到足以进化成复杂有机体的物体。

任何"有趣"的宇宙都必须包含至少一个非常大的数字，因为在一个被压缩到几乎不包含粒子的宇宙中，不可能出现太多事物。每一个复杂的物体都必须包含大量的原子。若想以精细的方式进化，它还必须持续很长一段时间，这个时间要比单个原子事件所要的时间长很多倍。

不过，大量的粒子和较长的时间本身还不够。即使在一个大、长寿且稳定的宇宙中，我们可以控制的只是暗物质那样的惰性粒子，这要么是因为物理过程预先排除了普通原子的存在，要么是因为普通原子全部被数量刚好相同的反原子湮灭了。

λ 之谜

这些推测性的想法提供了关于 λ 的一种新观点，这个关键数字描述了空的空间所包含的能量。据推测，推动膨胀的能量一直潜伏在真空中，这意味着 λ 在遥远的过去比今天可能大 10^{120} 倍。按照这个观点来看，λ 几乎接近于零的状态令人吃惊。这个谜题有三种截然不同的解释。

一种观点认为，空间的微观结构（可能包括一个类似气泡状的相互连接的微小黑洞的集合）可以通过某种方式自我调整，使之达成这个结果。第二种观点认为，衰变是渐进的，并且以某种方式"跟踪"了普通物质密度的变化。

由此还可以得出一个并非巧合的推论，即在当前的宇宙中，真空的作用应该与普通物质同样重要。所以，虽然 Ω 大约只有 0.3，但真空仍然储存有足够多的能量，可以将所需的 0.7 补上，使整体密度达到所需的临界值，以保证宇宙是扁平的。

第三种观点认为，当前宇宙中的 λ 值之所以如此微小，也许并不存在基本的解释。不过，它的调谐（就像其他几个数字那样）是我们存在的先决条件。我们可以将 λ 当作在一个特定的密度上对引力的中和，这就是爱因斯坦在提出这个概念时，认为在静态宇宙中应该发生的事情。因此，随着宇宙的膨胀，普通物质会变得更加分散，密度在某个阶段会下降到阈值以下，斥力开始"战胜"引力。当前的宇宙可能已经越过了这个极限阈值，所以星系在加速远离我们。我们可以设想这样一个宇宙，除了 λ 值大得多以外，其他的一切与当前的宇宙一模一样。那么，在这样一个宇宙中，斥力将更早地占据上风。如果这种转变发生在星系形成之前，那么星系将永远不会形成——这样的宇宙将是贫瘠的。

在多元宇宙中，λ 可能的取值范围很广。它们可能是一组离散的数字（由额外维度蜷起的方式决定），也可能是可能值的一个连续序列。在大多数宇宙中，λ 的值都将远远高于当前宇宙的取值。不过，当前的宇宙可能是某个宇宙子集中的典型，该子集中的宇宙都可以形成星系。

开普勒式的争论

即使以宇宙学的标准来看，关于多元宇宙的问题依然看起来晦涩难懂。对于当前有关 Ω 和 λ 的争论来说，这个问题会影响我们对那些观测证据的权衡。一些理论物理学家非常偏爱最简单的宇宙，因为星际空间中有足够的暗物质（与目前最好的证据相反）使 Ω 完全等于均衡值 1，这就意味着，早期宇宙的某种程度的调谐不仅是显著的，而且是绝对完美的。这些理论物理学家对 Ω 取值为 0.3 感到不安，对 λ 值非零这样额外的复杂性更加不满。正如我们所看到的，现在看来，对这种简单性的渴望似乎要落空了。

我们可以将这场争论与 400 年前的一场争论相提并论。开普勒发现，行星的运行轨道是椭圆形的，而非圆形。伽利略对此感到不安，他写道："为了维持宇宙各部分之间的完美秩序，有必要指出，可运动的物体只能沿圆周运动。"

对伽利略来说，圆似乎更优美、更简单，它们仅凭一个数字（即半径）就可以确定，而椭圆需要一个额外的数字（即"离心率"）来定义其形状。然而，牛顿后来证明，所有的椭圆轨道都可以用一个统一的引力理论来解释。如果《自然哲学的数学原理》一书出版时伽利略还活着，牛顿的洞察力肯定会使他愉快地接受椭圆假说。

我们现在面临的情况明显如此。一个具有低 Ω 值和非零 λ 等特征的宇宙可能看起来不规则且复杂，但这也许只是因为我们受视界所限。地球在无穷无尽的可能性中描绘出了一个椭圆，它的轨道只受到一个条件的限制，即它要保持一个有利于进化发生的环境（离太阳不能太近，也不能太远）。同样，当前宇宙可能只是所有可能的宇宙大家庭中的一员，其约束条件也只有一个，即允许我们的出现。因此，我倾向于对奥康的剃刀持宽容态度：对"简单"宇宙学的偏爱也许像伽利略偏爱圆周一样短视。

如果真的存在一个由不同的"宇宙数字"决定的宇宙群体，那么我们就会发现自己处在一个小而非典型的子集里，其中六个数允许复杂进化的发生。当前宇宙似乎存在"预设好的"特征，这种特征不应该令我们感到惊讶，就像我们不应该对自己在当前宇宙中所处的特定位置感到惊讶一样。我们生活在一颗有大气层的行星上，该行星在一个特定的距离上围绕其母星运行，这确实是一个非常特殊和非典型的地方。在太空中随机选择的位置往往会远离任何恒星，实际上，它很可能位于离最近的星系数百万光年的星际空间里。

在我写这本书的时候，已经出现了这样一种论调，即认为宇宙的六个数是宇宙历史的偶然结果。当时，这种观点只不过是一种"预感"。不过，随着我们对该论点的物理学基础的深入理解，这种观点也逐步会得到证实。更重要的是，作为一种真正的科学假设，它很容易遭到反驳：如果六个数比我们的存在所需要的更特殊，我们将需要为它们寻求一种不同的解释。例如，假设 λ 的值小于临界密度 0.001，是保证宇宙膨胀不抑制星系形成所需的基本值的数千分之一，那我们就应该怀疑：出于某些根本原因，该值是否的确为零。同样，如果地球的轨道是一个精确的圆（即使我们可以同样舒适地生活在一个适度偏心的轨道上），那将有利于开普勒和伽利略更赞同的那种解释，即行星的轨道是严格按照精确的数学比例确定的。

一方面，如果那些基本定律决定了所有的关键数字是唯一的，以至于没有其他宇宙与这些定律相符，那么我们将不得不接受，调谐是一个残酷的事实，或者是天意。另一方面，终极理论可能允许出现多元宇宙，其演化过程中间歇地反复出现"大爆炸"。如此，适用于整个多元宇宙的基本物理定律可能会允许其中的单个宇宙呈现出多样性。

进展与前景

阐明极早期的宇宙，澄清多元宇宙的概念，这些是 21 世纪面临的挑战。回顾 20 世纪人们所取得的成就，这些挑战就不那么令人生畏了。在 100 年前，恒星为什么会发光还是一个谜；我们对银河系以外的一切都还没有概念，银河系被认为是一个静态系统。相比之下，当前宇宙已经延伸到了 100 亿光年以外，它的历史也已经被追溯到"起始"一秒钟以内的那些极短的瞬间。

当然，物理探测器目前仍然局限于太阳系内，但望远镜和传感器的改进却使我们能够对非常遥远的星系展开研究，光从这些星系到达地球的时间是自"大爆炸"以来所有时间的 90%。至少在轮廓上，我们已经绘制了从原则上可以探测到的大部分区域，尽管我们怀疑，在我们的视界之外，宇宙还包含了一个更大的区域，从那里发出的光还没有足够的时间到达地球（也许永远也不会到达）。

我们正通过详细的观测，逐步探知宇宙结构是如何形成的，以及星系是如何演化的。这些观测不仅是针对附近的星系，也包括遥远星系的成员，它们呈现在我们面前的是其100亿年前的样貌。

这一进展之所以成为可能，也许只是因为偶然性，但从原则上来讲，意义重大，因为这告诉我们基本的物理定律是可以被理解的，而且这些定律不仅适用于地球，还适用于最遥远的星系，不仅适用于现在，甚至还适用于宇宙膨胀开始后的最初几秒钟。只有在宇宙膨胀开始后的最初几毫秒以及在黑洞深处，我们才会面对基本物理原理仍然未知的情况。

宇宙学家不再缺乏数据。目前的进步更多地归功于那些观测家和实验家，而不是空谈的理论家。不过，未来将会出现纸上谈兵的观测家。星系测量的结果和内容详细的"巡天图"等将可以以电子的方式提供给任何访问或下载它们的人。未来会有更大的群体参与探索宇宙栖息地，以验证他们自己的"预感"，寻找新的类型，等等。

观测正在稳步改善，但我们的理解只能曲折前进。随着理论的更替，进展将呈锯齿状前行，但总体趋势是向上的。进步需要倍数更高的望远镜，也需要功能更强大的计算机，以便进行更逼真的模拟。

科学有三大前沿：非常大的、非常小的和非常复杂的。宇宙学包括了它们的全部。在几年之内，我们就可以对宇宙常数 λ、Ω 和 Q 进行测量，就像自 18 世纪以来我们开始测量地球的大小和形状一样。到那时，我们也许已经解决了"暗物质"的问题。

不过，理解宇宙的开端仍然是一个根本性的挑战，这也许必须等待一个"最终"理论，也许它就是某种超弦理论的变体。这一理论将标志着一个理性探索过程的结束：这个过程由牛顿开始，并通过麦克斯韦、爱因斯坦和其他继任者得到延续。该理论不仅将加深我们对空间、时间和基本力的理解，还将阐明极早期宇宙和黑洞中心的情况。

这个目标也可能无法实现。或许并不存在"最终"理论。

或者，即使存在，它也可能超出了我们的理解能力，我们无法掌握它。然而，即使达到了这个目标，也不会是科学挑战的终点。作为一门基础科学，宇宙学也是环境科学中最庞大的一门。它的目标是了解一个简单的"火球"是如何演化成我们周围复杂的宇宙栖息地的——在地球上，或在其他星球的许多生物圈中，生物是如何进化到能够反思它们是如何出现的。

理查德·费曼用了一个很好的类比来说明这一点。假设你以前从未看过下棋，但通过看几场比赛，你就可以推断出其中的规则。同样，物理学家研究支配自然基本要素的定律和变化。在棋艺上，在新手向大师级别的进步中，学会下法只是一个微不足道的初级入门。以此类推，在宇宙学上，即使我们知道基本的规律，探讨其结果如何在宇宙历史中展开也是一项永无止境的探索。对量子引力、亚核物理过程等类似问题的无知阻碍了我们对"宇宙开端"的理解。不过，解释日常世界和天文学家观察到的现象的困难则源于它们的复杂性。一切都可能是亚原子水平上的某些过程所产生的结果，即使我们知道控制微观世界的相关方程，实践中也无法在任何比单个分子更复杂的水平上对它们求解。而且，即使我们可以对它们求解，由此产生的"简约性"解释也不会有

什么启发性。为了给复杂的现象赋予意义，我们引入了新的
"涌现"概念，例如，液体的湍流度和湿度，以及固体的结
构，都是由原子的集体行为造成的，可以被"简约"为原子
物理过程，这些概念本身十分重要。同样，"共生现象""自
然选择"和其他生物过程也都如此。

　　下棋的类比让我们想起了其他问题。即使有限的可见宇
宙在我们周围延伸了 100 亿光年，也不可能展示出其所有
的潜能。这是因为，若想估算出所有事件究竟会按多少种不
同的系列发生，我们很快就会得到迄今所见的最大数字。即
使每一个棋手只下了三步棋，不同棋局的下法可以有 900
万种。与我们视界中的 10^{78} 个原子相比，世界有着远远不
止 40 步的棋局：即使宇宙中的所有物质都被摆在了棋盘上，
大多数可能的棋局也永远不会进行。而且，与自然界允许的
选择相比，棋局游戏的选择范围显然是微不足道的。

　　即使一些简单的无生命的系统也会因为太过"混乱"而
难以预测：行星轨道运动是自然界中少数几个高度可预测的
方面之一，牛顿很幸运地发现了它！任何生物过程都比下棋
包含了多得多的多样性——随着复杂性的展现，每个阶段都
会有更多的分支。如果每个星系中都存在数百万颗类似地球

的行星，并且都孕育着生命，那么每颗行星都将是独一无二的。然而，在我们的视界之外，可能还有一个无限大的空间，在那里各种环境组合都有可能发生，而且可以无限次地重复。这一观点提醒我们，应该警惕科学上的必胜主义，不要夸大我们对自然界错综复杂之处的理解程度。

　　本书的一个主题揭示微观世界和宇宙之间的紧密联系，这种联系可以形象地表示为奥拉波鲁斯环（见图 1-1）。我们的日常世界显然是由亚原子领域的力塑造的，它的存在也要归功于宇宙精密调谐过的膨胀率、星系形成的过程，以及古老恒星中碳和氧的锻造等。一些基本的物理定律制定了"规则"，我们从一次简单的"大爆炸"中诞生，这一切敏感地取决于六个宇宙常数。如果这些数字没有被很好地调谐，复杂性的逐层展开或许早就终止了。是否会存在无限多的、没有调谐好的，因此是贫瘠的宇宙呢？当前的宇宙是不是多元宇宙中的一片"绿洲"呢？或者，我们是否应该为六个数的幸运取值寻找其他方面的原因呢？

致　谢

　　首先，我要感谢多年来一直与我一起研究和学习的同行，也同样感谢同我就宇宙学问题进行深入探讨的非专业人士：这些讨论要么帮我总结出"大画面"中的关键点，要么提醒我尚未解决的重要问题，从而给我带来全新的视角。因此，我要特别感谢戴维·哈特（David Hart）、格雷伊姆·米奇森（Graeme Mitchison）、汉斯·劳辛（Hans Rausing）和尼克·韦布（Nick Webb）。本书正是为这类对宇宙学感兴趣的非专业读者而写的。在避免技术性过强的同时，我尝试在相关背景下引入新发现，将有根据的主张与无凭据的推测区分开来，并突出它们背后仍然存在的奥秘。

感谢约翰·布罗克曼（John Brockman）[①]邀请我为《科学大师佳作系列》丛书撰稿，也感谢他在这本书缓慢酝酿期间的耐心。感谢韦登菲尔德和尼科尔森出版公司（Weidenfeld & Nicolson）的托比·芒迪（Toby Mundy）和埃玛·巴克斯特（Emma Baxter）在整个编辑和制作过程中的鼎力支持，我对他们深表感激。还要感谢理查德·斯沃德（Richard Sword）和乔普·沙伊（Joop Schaye）为本书制作的插图；感谢布赖恩·阿莫斯（Brian Amos）和朱迪思·莫斯（Judith Moss）为本书提供的其他帮助。

① 美国著名文化推动者、"第三种文化"领军人，他还是"世界上最聪明的网站"Edge 创始人，该网站每年一次，让 100 位全球最伟大的头脑坐在同一张桌子旁，共同解答关乎人类命运的同一个大问题，开启一场智识的探险，一次思想的旅行！湛庐集结策划出版的"对话最伟大的头脑系列"就是布罗克曼主编的 Edge 系列书籍，它们会带你认识当今世界上著名的科学家和思想家，洞悉那些复杂、聪明的头脑正在思考的问题，从而开启你的脑力激荡。——编者注

未来，属于终身学习者

我这辈子遇到的聪明人（来自各行各业的聪明人）没有不每天阅读的——没有，一个都没有。巴菲特
读书之多，我读书之多，可能会让你感到吃惊。孩子们都笑话我。他们觉得我是一本长了两条腿的书。

——查理·芒格

互联网改变了信息连接的方式；指数型技术在迅速颠覆着现有的商业世界；人工智能已经开始抢占
人类的工作岗位……

未来，到底需要什么样的人才？

改变命运唯一的策略是你要变成终身学习者。未来世界将不再需要单一的技能型人才，而是需要具
备完善的知识结构、极强逻辑思考力和高感知力的复合型人才。优秀的人往往通过阅读建立足够强大的
抽象思维能力，获得异于众人的思考和整合能力。未来，将属于终身学习者！而阅读必定和终身学习形
影不离。

很多人读书，追求的是干货，寻求的是立刻行之有效的解决方案。其实这是一种留在舒适区的阅读
方法。在这个充满不确定性的年代，答案不会简单地出现在书里，因为生活根本就没有标准确切的答
案，你也不能期望过去的经验能解决未来的问题。

湛庐阅读App：与最聪明的人共同进化

有人常常把成本支出的焦点放在书价上，把读完一本书当作阅读的终结。其实不然。

- -
时间是读者付出的最大阅读成本
怎么读是读者面临的最大阅读障碍
"读书破万卷"不仅仅在"万"，更重要的是在"破"！
- -

现在，我们构建了全新的"湛庐阅读"App。它将成为你"破万卷"的新居所。在这里：

- 不用考虑读什么，你可以便捷找到纸书、有声书和各种声音产品；
- 你可以学会怎么读，你将发现泛读、通读、精读于一体的阅读解决方案；
- 你会与作者、译者、专家、推荐人和阅读教练相遇，他们是优质思想的发源地；
- 你会与优秀的读者和终身学习者为伍，他们对阅读和学习有着持久的热情和源源不绝的内驱力。

从单一到复合，从知道到精通，从理解到创造，湛庐希望建立一个"与最聪明的人共同进化"的社
区，成为人类先进思想交汇的聚集地，与你共同迎接未来。

与此同时，我们希望能够重新定义你的学习场景，让你随时随地收获有内容、有价值的思想，通过
阅读实现终身学习。这是我们的使命和价值。

湛庐阅读App玩转指南

湛庐阅读App 结构图:

三步玩转湛庐阅读App:

读一读 ▾
湛庐纸书一站买,
全年好书打包订

听一听 ▾
泛读、通读、精读,
选取适合你的阅读方式

扫一扫 ▾
买书、听书、讲书、
拆书服务,一键获取

App获取方式:
安卓用户前往各大应用市场、苹果用户前往 App Store
直接下载"湛庐阅读"App,与最聪明的人共同进化!

使用App扫一扫功能，
遇见书里书外更大的世界！

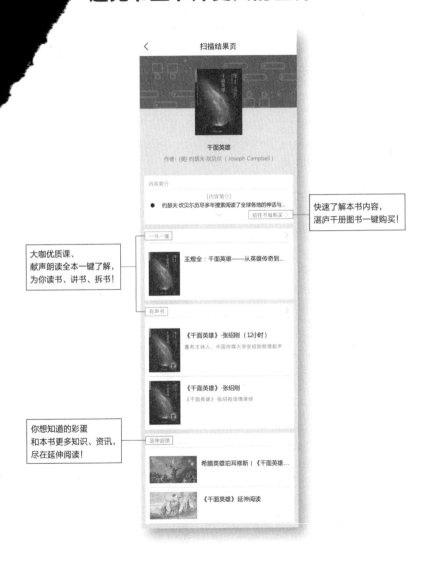

快速了解本书内容，
湛庐千册图书一键购买！

大咖优质课、
献声朗读全本一键了解，
为你读书、讲书、拆书！

你想知道的彩蛋
和本书更多知识、资讯，
尽在延伸阅读！

延伸阅读

《基因之河》

◎ 关于基因，没有人能比理查德·道金斯写得更好！《基因之河》是继《自私的基因》之后，理查德·道金斯的又一经典名作！生命的"复制炸弹"——基因从何而来？它又将走向何方？阅读本书，我们将通过一位热情、睿智、理性的科学家的视角直面基因的亘古谜题，获得对于生命的全新看法！

《人类的起源》

◎ 理查德·利基以直立人骨架"图尔卡纳男孩"这一20世纪古人类学最重要的发现为起点，清晰明了地勾画了人类进化的四大阶段：700万年前人科的起源；两足行走的猿类的"适应性辐射"；250万年前人属的起源；现代人的起源。除此之外，《人类的起源》还将带领我们利用有限的证据，提出种种出人意料的假说，推断人类的艺术、语言和心智起源之谜。

《宇宙的起源》

◎ 回答现代宇宙学家必须面对的终极问题，用简明扼要的文字详述宇宙诞生的奥秘，一本人人读得懂的宇宙学科普著作。

◎ "科学大师书系"经典再现。中国科学院院士、复旦大学教授金力，科技创新研究者、清华大学教授陈劲，世界著名哲学家、《直觉泵和其他思考工具》作者丹尼尔·丹尼特重磅推荐！

《宇宙的最后三分钟》

◎ 保罗·戴维斯将为你介绍关于宇宙未来的最新理论，带你破解宇宙终结之谜。一本人人读得懂的宇宙学科普著作。

◎ "科学大师书系"经典再现。中国科学院院士、复旦大学教授金力，科技创新研究者、清华大学教授陈劲，世界著名哲学家、《直觉泵和其他思考工具》作者丹尼尔·丹尼特重磅推荐！

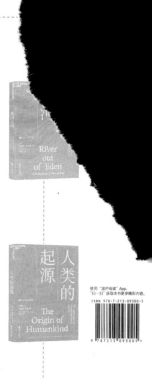

使用"湛庐阅读"App，
"扫一扫"获取本书更多精彩内容。
ISBN 978-7-213-09300-5

使用"湛庐阅读"App，
"扫一扫"获取本书更多精彩内容。
ISBN 978-7-5576-7864-7

使用"湛庐阅读"App，
"扫一扫"获取本书更多精彩内容。
ISBN 978-7-5576-8009-1